松井教授の東大駒場講義録

松井孝典
Matsui Takafumi

a pilot of wisdom

まえがき

　今年の前期（二〇〇五年四月から七月）、久しぶりに駒場の講義を行った。理科系の学生（理科Ⅰ、Ⅱ、Ⅲ類在籍者）向けの講義で、講義の正式名称は「惑星地球科学Ⅱ」という。その動機は単純である。最近とくにそのような学生が顕在化したように思えるのだが、本郷に進学してくる学生の目に輝きが感じられないのだ。理学部に進学したのだから、自然や自然現象に興味を覚え、それを理解したいがために進学したのだろうと想像するのだが、どうもそのような情熱はないようだ。実は大学院になると、目に輝きのない、そのような学生の比率はもっと高くなる。したがって、事態は深刻である。そのことを駒場のある教授に話したら、駒場の学生の目はまだ輝いているとのことで、では一度駒場で講義をしてみようと思った次第である。

　駒場の講義を始めてみて、講義システムともいえるその違いに驚かされた。それは、駒場（教養学部）から本郷（専門課程）に進学する際の、〝進振り〟と呼ばれる東大独自の進学振り分けシステムに関係する。講義の回数や、成績の評価などが各講義でばらつかないようういろいろと細かく規定があることから、あるいは教室にパソコンとつなぐプロジェクターやマイクなどを自分で持参しないといけないことまで、さまざまである。学生による授業評価も本郷よりはずっと進んでいて、すべての講義が終わると細かく分析された授業評価が送られてくる。

その講義を録音し、起こしたものに加筆したのが本書である。講義では、図表、写真をふんだんに使ったから、本書の説明も口調も現実の講義とは異なるが、全体の話の中身はそれほど違わない。当初は、文科系の学生も受講するかと思っていたので、講義は網羅的で、しかも文明論や哲学的な視点も取り込んでと、準備を始めたのだが、対象が理科系の学生のみだったこと、しかも丁寧に説明しないとほとんど理解されないことに途中で気づいて、用意した話題のすべては紹介できず、簡略化した。

講義のテーマというか、私自身がこの講義で何について語りたかったのかといえば、この世界は普遍か、という問いである。二一世紀を迎え、いま学問は何をめざそうとしているのか。二〇世紀までの学問を総括し、その全体像を紹介するのが、これから要素還元主義的に細かく細分化された、本郷の専門課程に進学する駒場の学生への講義として適していると考えたのだが、授業評価を見ると、その意図は空回りしたようだ。我々が駒場にいた頃は、理科の学生といえども、哲学や歴史や文学に深い関心があったのだが、最近の学生は違うようだ。

ギリシャ以来、学問は、普遍性をその価値の根幹に置き、自然や社会や人間に生起する現象を理解しようとしてきた。そして二一世紀を迎えた今、我々は初めて、これまでに獲得した智の体系にもとづいて、その普遍性について問うことができるようになった。なぜか？　宇宙に始まりがあり、宇宙の果てがその始まりの瞬間であることを観測したからである。あるいは、太陽系以外の惑星系が存在することを観測し、地球や生命の存在を宇宙に探り始めたからである。普遍性を問うためには、我々が大脳皮質で認識する外界の時空を、その限界にまで拡張する必要がある。外界の限界とは、この宇宙の果てであり、時間の始まりの瞬間である。この世界は普遍か、我々はなぜ普遍性を求めるのか、そのためには、智の体系の概略を知る必要がある。太陽系、地球、生命についてそれを紹介したのが本書である。

物理学、化学はこの宇宙で成立する。一方、生物学はまだそのレベルに達していない。依然として、まだ〝地球〟生物学のレベルにあり、これから宇宙における普遍的な生物学の構築に向けてスタートする段階にある。それが最近提唱されているアストロバイオロジーなる学問であるが、本書が論じるテーマはまさにそれと重なる。膨大なその智の体系を一つの概念図に示すこともできる。それは筆者自身が、「智求ダイヤグラム」と呼ぶものだが、チキュウは、地球と智求をかけている。時間を縦軸に、空間を水平の二次元で表したその図は、ふっくらしたワイングラスのようなものをイメージすればよい。その中に本書の内容を描くと、その全体像はより理解しやすいものになるだろう。

目次

まえがき —— 3

1時間目　地球、生命、文明の普遍性を宇宙に探る —— 11
——ガイダンスを兼ねて
比較惑星学からアストロバイオロジーへ／二元論と要素還元主義／ガイダンス（講義全体の概略）／質問はありませんか？／智求ダイヤグラム／「生物圏」はあとどのくらい存続できるか？

2時間目　地球環境の成り立ちと変遷 —— 27
地球の普遍性と特異性／金星、火星と地球を比較／地球の材料物質／天体衝突と火成活動／地球大気の起源／大規模な脱ガス現象／暗い太陽のパラドックス／プレートテクトニクス／雪球地球／地球環境の変動と生物、文明

3時間目 文明とは何か——地球システム論的文明論 45
地球システムとは／誕生時の地球の姿／K—T境界層／大陸地殻の誕生と生物圏／人間圏を作って生きる／おばあさん仮説／言語と共同幻想／共同幻想の破綻と未来

4時間目 生命の普遍性を宇宙に探る——アストロバイオロジーについて 63
地球生命とは何か／生物圏の出現／シアノバクテリア／生命の化学進化／太陽系の惑星探査／火星探査／タイタン探査／エウロパ探査／日本のアストロバイオロジー研究の現状

5時間目 太陽系とは？——比較惑星学的見地から 83
太陽系の構成／太陽系の材料物質／隕石／月の地殻／マグマオーシャン／金星の「プリュームテクトニクス」／火星の地表環境／小惑星と彗星／コア、マントル、地殻の分離過程／巨大ガス惑星の内部構造など／氷衛星の組成

6時間目 もう一つの地球はあるか——地球とはどんな星か 105
銀河系スケールで地球を探す／地球の勢力圏／大気圏と大気大循環／海洋大循環／海の水素イオン濃度／地球の固体部分を探る／地殻、マントル、コア／地球内部の物体の動き

7時間目 太陽系起源論 125
惑星の誕生／原始惑星系円盤の誕生／原始惑星系円盤の組成／微惑星の誕生／原始惑星の誕生／巨大ガス惑星の誕生／巨大ガス惑星はなぜ二つしかないのか

8時間目 系外惑星系 147
地球型惑星、発見か／系外惑星系の観測方法／ペガサス座五一番星／「ホット・ジュピター」／エリダヌス座イプシロン星／惑星落下問題／「落下問題」の解決／「スリングショット・モデル」その他／「系外惑星系」に関する問題は論文の宝庫？

9時間目　地球の起源―――169
粒子の落下問題／微惑星の暴走成長／惑星系の誕生／惑星の組成は何で決まるか／地球の誕生はいつか？／月の起源／ジャイアント・インパクト仮説

10時間目　天体衝突と地球の進化Ⅰ―――189
月のクレーター／月の斜長岩／マグマオーシャン仮説／月の情報から判った地球の進化／重力ポテンシャル・エネルギー／原子力エネルギーなど／地球に蓄えられたエネルギー／マグマオーシャンと水蒸気大気／海が生まれた頃の地球

11時間目　天体衝突と地球の進化Ⅱ―――211
――そして地球、文明の未来
物質の分化、コアの起源／ディープ・インパクト／天体衝突の瞬間／クレーターを作る室内実験／六五〇〇万年前の隕石衝突と環境問題／宇宙も地球も生命も、分化する／地球の未来

1時間目　地球、生命、文明の普遍性を宇宙に探る

——ガイダンスを兼ねて

比較惑星学からアストロバイオロジーへ

この講義は『惑星地球科学Ⅱ』というタイトルですが、その実際の内容は〝地球、生命、文明の普遍性を宇宙に探る〟というテーマで進めていこうと思っています。

今から三十数年前、私は大学院の院生でしたが、その頃、今では「比較惑星学」という名称で定着した分野の研究を、日本では初めて研究していました。これは一九六九年に人類が初めて月に行ったときに誕生した学問です。地球の普遍性を宇宙に探ることをゴールにした学問で、太陽系というスケールで、地球という天体の何が特殊で何が普遍かということを探る学問分野です。現在ではこれと同じテーマを、太陽系ではなく銀河系というスケールで調べられるようになりました。それがこの講義で主としてカバーする学問分野の一つです。

もっと最近のこととしては、今から五年くらい前、NASAが「アストロバイオロジー」という名前をある学問分野につけました。「我々はどこから来たのか」「我々はどこへ行くのか」「我々は宇宙で孤独な存在か」という三つの研究テーマをゴールにした学問です。

じつは私も、一五年ほど前から、同じようなテーマで研究を始めていました。それに「チキュウ学」という名称を与え、英語としては「ジオコスモロジー」と呼んでいました。「チキュウ」は新しい智の体系を求める（智求）という意味と、我々の存在を含めた地球を考えるという、二つの意味を含めています。しかし同じようなゴールならネイティブの英語を話す人の命名のほうがいいだろうということで、今は私もこの分野に、アストロバイオロジーという名称を使っています。この講義との関連でアストロバイオロジーとは何かを説明すると、「生命の普遍性を宇宙に探る」となります。先ほどは「地球の普遍性を宇宙に探る」でしたが、それを「生命」というテーマで考えるということです。

皆さんは生物学を習ってきたと思いますが、じつは生物学の実態は地球生物学なんです。物理学や化学は地球以外にも、たとえば太陽系や銀河系、あるいはもっと広いこの宇宙でも成立することが、二〇世紀に判りました。つまり普遍性があるわけですね。ところが生物学はそうではありません。生命はまだ地球でしか見つかっていません。しかも、地球の地表付近の、大気、海、土壌といった限られた領域に生存する地球生物だけを研究している、非常に特殊な学問なんです。

一〇年ほど前から、宇宙の生命探索に関連して、地球上でもその極限環境に存在している生物に注目が集まってきました。調査してみると、たとえば何百気圧にもなる海底下の、三〇〇℃の熱水噴出孔、あるいは逆に冷たいメタンハイドレート層、南極の氷の下、あるいは地下深くの高温高圧環境下などにも、奇妙な生き物がうようよいることが判りました。こうした極限的な環境下で生物が生きられるなら、火星の地下やエウロパの氷の海の中に生物が存在している可能性も考えられます。そこで地球生物学を太陽系、銀河系にまで拡大し、生命とは何ぞやということを普遍的に探ろうとしているのがアストロバイオロジーです。

アストロバイオロジーの説明で「我々」といいましたが、普通この言葉は、地球上にいる生き物すべてを含めて使いますね。それをもう少し限定して、今こうして文明を築いている我々智的生命体を「我々」と定義することもできます。そうすると、「我々はどこから来て、どこへ行くのか」という問いはすべて、文明の問題、すなわち地球上での我々の生き方の問題に関係しているともいえます。

二元論と要素還元主義

では、そもそも文明とは何でしょうか？　これまで人文科学、社会科学的な議論はされてきたけれども、自然科学分野の人が、一般的な意味で、それを議論した例は少なかった。チキュウ学として、私自身は、そういう議論もしています。なぜかというと、現在の地球は我々の存在も含めて地球なのです。夜半球の地球を俯瞰《ふかん》すると、光の海が見えます。我々が文明を築いていなければ、地球にはこのような光の海は見えないはずです。つまり我々は現在、宇宙から見える存在になっているということです。こうした宇宙から「見える存在」を「文明」と定義することもできます。「見える」というのは、可視光で見えるだけでなく、電波としても見えるなど広義の「見える」という意味です。

近代自然科学は、二元論と要素還元主義という二つの考え方を基本にしてきました。二元論というのは、我々人間と自然とをはっきり分ける考え方です。人間を主体、自然を客体としてそれを分けて認識し、考えようというものです。要素還元主義を簡単化していえば、対象を細かく絞り込んで物事を考えていくということです。たとえば宇宙とは何かを考えようとしてもあまりに漠然としています。誕生直後の宇宙なのか、銀河系宇宙なのか、太陽系宇宙なのかなど、その対象は無数に考えられるのです。その対象の枠を絞り込んで、より細かくとって問題を考えようというのが要素還元主義です。

ところが二一世紀になって、二元論や要素還元主義から理解できる自然だけではなく、それらを統合して認識できる世界もある、そこで新しい智的体系を築かなければいけないということが判ってきました。それを私は「チキュウ学」と名づけて、一五年ほど前から研究テーマとしています。初めは地球という時空スケールで文明の普遍性を考えるという意味で、単に地球学と称していました。その後、銀河系スケール、あるいは宇宙誕生以来の一三七億年という時間スケールの中で新しい認識（智）を求めながら文明の問題に取り組まなければならないと考えて、智求学とも称しているんです。

ガイダンス（講義全体の概略）

この講義では基本的に今いった三つの学問分野、比較惑星学、アストロバイオロジー、地球学（智求学）を紹介しながら、現在私が地球、宇宙、生命、文明についてどういうことを考えているかを話していきます。

ここにいる皆さんは、すべて理系の学生かな？　駒場の学生だから、このあと工学に進むのか、理学、農学、医学、薬学なのか、まだ決めていないわけだよね。専門が決まっている本郷の学生とは違うので、この講義は幅広いテーマで、しかも一回ごとに完結するような話にする予定です。

今日は初回ですので、この講義全体の内容の概略も紹介しておきます。まず次回、二回目のテーマは、「地球環境の成り立ちと変遷」。地球の特異性というのは非常にはっきりしています。地球環境です。そこには我々文明をもつ人類や、他の生命がいることも含まれます。生命は今のところ太陽系の地球以外の天体にはいないし、銀河系、少なくとも一〇〇光年ぐらいの銀河系内にもいないことは判っています。これはかなり特殊ということですが、ではいつ頃からどのようにして特殊な環境になったのか、という話をします。

その次は、「文明とは何か」について。環境、文明、ときたら次は生命なので、四回目には

「生命の起源と進化」。なぜ地球に生命が生まれたのかというと、地球環境がそれに適していたからです。地球の歴史はだいたい四六億年ですが、最古の生命はいつ頃誕生し、どういうものだったのか、どう進化したか、太陽系における分布は、現状はどうなのかについて考えます。

ここまでは地球の話です。五回目以降は「太陽系」に移ります。太陽系とはどんな惑星系かを一回の授業で話すのはほとんど不可能ですが、最近の探査結果をできるだけ紹介したい。たとえば今年（二〇〇五年）七月、彗星に物をぶつけたときのクレーターのでき方や、彗星の蒸発の様子を観測するディープインパクトという実験が行われますので、そういうことも含めて話します。地球に関しては「もう一つの地球はあるか」というテーマで、その惑星についての特徴を述べます。太陽系に関しては、火星、タイタン、あるいはエウロパといった生命が存在しそうな天体は4時間目に話すので、それ以外のテーマに絞った話をするつもりです。

八回目の授業は「系外惑星系」。ここ一〇年ぐらいの間に系外惑星系、つまり太陽系以外の惑星系が一四〇ほど見つかっているので、それについて話します。惑星系探しはこれまで何十年と続けてきたのに、一〇年前まではまったく見つかりませんでした。というのは、我々が知っている惑星系は太陽系だけだったので、その知識をもとに惑星系探しをしていたからです。惑星系というのは、中心の天体、それは恒星ですが、その周りを惑星が回っていますね。話を判りやすくするために惑星を一つの天体でたとえると、太陽系は太陽という恒星の周りを木星という惑星が回転しているわけです。皆さんも知っているように、木星は五天文単位（地球と太陽の平均距離を一天文単位という）ぐらいのところを一〇年ちょっとかけて回っています。この太陽系を遠くで観察していると、太陽が近づいたり遠ざかったりしているように見える。ドップラー効果というのを知っているでしょうが、近づくときは光の波長が短くなるので青っぽく見え、遠ざかるときは波長が長くなるので赤く見える。この現象を利用して、一〇年周期ぐらいで変動する星はないかと観測しながら惑星系を探していたわけですが、一向に見つからない。当時観測していた人たちも、全員あきらめて撤退してしまった。これが一九九五年から九六年にかけての状況でした。

ところが撤退したその年に、四日ぐらいの周期で変動している星が見つかった。ペガサス座五一番星という星です。その変動の大きさから木星と同じ程度の質量をもつ惑星が周回していることが判った。四・二日という周期は、太陽系で考えると、水星よりずっと内側、〇・〇五天文単位ぐらいのところを回っていなければならない。つまり我々が思い描いていた惑星系のイメージとは、まったく違ったものが発見されたんです。

そこでそれまでの惑星系＝太陽系というイメージを取り払ってもう一度周囲をつぶさに観測してみたら、この一〇年で惑星系が次々と見つかった。この話は科学者にとって極めて教訓的です。天文学に限らず、我々は経験やそれまでの情報をもとにして大脳皮質内に内部モデルを作り、それに基づいて思考していますが、そうした「常識」を捨てたときに、科学の大発見があるというわけです。

あと一〇年くらいのうちには、系外惑星系の中に、もう一つの地球が見つかるでしょう。それに絡《から》めて、「太陽系起源論」の話をします。次に「地球の起源」というテーマで、地球型惑星はどのように生まれるのか、という話をします。系外惑星系に関係した、より普遍的な惑星形成論は、今学問的にいちばんホットな話題です。

普遍性ということについても、ここでまたもう一度考えてみたいと思います。普遍性を探っていくと、非常に深遠な問題にも突き当たるんです。たとえば神様がこの世界を創ったのなら、地球と同じような世界が何個も発見されたらおかしい。そんな問題にも関係しています。

一〇回目の授業は、「天体衝突と地球の進化」。天体衝突という現象をこの辺で少し詳しく話したいと思います。惑星が生まれるプロセスとして、天体の衝突現象はとても重要な物理、化学過程です。天体衝突現象は現在の地球上でよく見られる自然現象ではありませんが、地球に天体が衝突して恐竜が絶滅した過去もありますから、そういうテーマと絡めて話す予定です。

最後は我々の未来について考えます。未来を予測するためには、歴史を知ることが不可欠です。人文科学分野でいうところの歴史学は、我々人類が文明を築いてきた何千年かの歴史ですが、現在の文明に関しては、そのようなスケールの歴史では未来を考えることはできません。

宇宙というスケールの中で初めて我々の未来を考えることができます。システム論的には、現在は地球史というスケールでもエポック・メーキングな時代（画期）なのです。生命の歴史、地球の歴史、宇宙の歴史まで知らなければなりません。じつは、自然というのは、ビッグバン以来の宇宙の歴史を記録した古文書のようなものなのです。一三七億年に及ぶ宇宙の歴史、四六億年の地球の歴史、生命に関していえば三八億年分の古文書を解読することで、初めて我々の未来が見えてくる。それは果たしてどういうものなのか、という話を最後の授業でしようと思っています。

質問はありませんか？

以上、概略を説明してきましたが、ここまでで何か質問はありますか？　ないんですか？　質問がないということは、私の言ったことが全部判ったということですよ。

反応がありませんね。日本の学生を、グローバル・スタンダードで見たときに、何がいちばん奇妙かというと、質問もせずにこうやって黙って聞いていることなんです。これは東大の学生の欠陥かもしれません。根源的な問いを突き詰めず、適当に判っていること。だから、試験問題なら解ける。実際君たちの入試成績を見ると、物理なんか点数的にはものすごくいい。でも、今日私が言ったことを逆にこちらから細かく質問していくと、ほとんど答えられないと思う。もし判らないことを一個でもそのままにしてしまったら、これから将来本郷に行ってそれぞれの道を究めようとするとき、先に進めなくなりますよ。私の授業を通して、その辺をぜひ改革してほしいと思います。「判るとは何ぞや」ということを、もっと突き詰めて考えてほしいんですよね。

智求ダイヤグラム

さて、ここで一つ図を見せておきたいと思います（図1）。次回から私が話すことの全体を概念的に示した図です。『智求ダイヤグラム』と名づけたものです。縦軸が時間軸、横軸が二次元の空間軸で、空間スケールは外側へいくほど大きくとってあります。内側へいくと狭い。中心までいくと、クォークあるいはもっと根源的な粒子かもしれませんが、そのような基本粒子が存在します。それは宇宙誕生の瞬間と関係しています。ですからこの極微のスケールまでいくと、そこは宇宙の始まりとつながっている。

そこから空間スケールを大きくしていけば、陽子、原子核、原子、分子、生物なら高分子細胞、多細胞、無機物なら鉱物、岩石というように物質の構成単位が大きくなり、最後は地球ぐらいの大きさになる。その地球スケールで見ると、地球は一つのシステムとして見えますが、地球をシステムとして考えると、コアだとかマントル、地殻、大気、海など地球システムを構成する要素が構成単位となります。その一つとして我々が人間圏を作って生きているということになるわけです。このような視点で整理すると、人間圏を作って生きる生き方がじつは文明といえるのです。

図1　智求ダイヤグラム

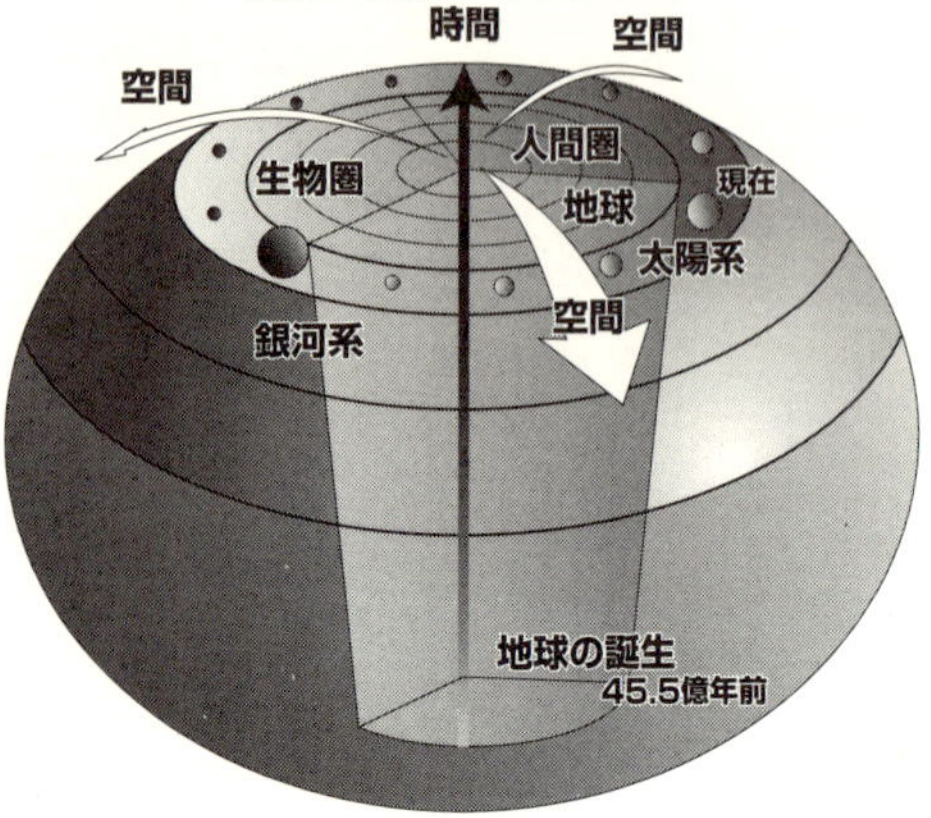

一方、この縦軸をたどることは、人間圏、生物圏、あるいは地殻やマントルやコアや大気、海がいつどのようにして生まれたかを見ることになります。

地球という空間スケールをさらに大きく外側に延長していくと、太陽系スケール、銀河系スケールの空間になります。ただここで重要なことは空間の拡大ということと時間との関係です。現在という瞬間を観測しようとすると、我々のごく身近なところしか観測できません。宇宙、すなわち遠くを見るということは、すべて過去の事象を観測することになります。たとえば現在カッシーニという探査機が土星の周りを回っています。その送ってくる情報は、何時間か前の土星周辺の情報で、受信したその瞬間の土星の状態は知る術《すべ》がないのです。もっと遠く太陽系の端を観測し、送信してきたデータは何十時間も前のものでしかないし、アンドロメダ銀河の観測などになると、現在見ている姿は二〇〇万年くらい前の姿なわけです。つまり見るものが遠くになればなるほど、時間的に過去に遡《さかのぼ》ってしまうということです。

したがって空間が大きくなると時間的に過去に遡り、この図で示すと、現在我々が獲得している情報はワイングラスのような形の表面か、その内側になります。ワイングラスのようなこの図の空間のもっとも遠くに、何が見えるか？　それは宇宙の背景放射です。宇宙の背景放射とは、宇宙のあらゆる方向からやってくる、ビッグバンの残り火ともいえる微弱な電波です。我々に見える宇宙のもっとも遠くというのは、一三七億年前の、誕生直後の宇宙の姿です。ビッグバンから三〇万年くらい後の、宇宙が晴れあがったときの姿なんですね。

もう一度くり返しますが、自然とはビッグバン以来の宇宙の歴史的産物です。我々の智の体系とは、自然という一三七億年の歴史を記述した古文書を解読した結果ですから、この図の表面あるいは内部にすべて記述できます。その解読された情報を、個々のテーマごとに一回完結で話そうというのが今回の講義と思ってください。それはこの図上ではある方向から切った断面のようなものです。

「生物圏」はあとどのくらい存続できるか?

では皆さんに一つ質問します。我々の未来や地球の未来を考えるのはこの講義の大事なテーマですが、生物という意味でその未来を考えてみてください。具体的には、地球上の「生物圏」はあとどのくらい存続できるでしょうか?

学生　太陽が近づいてきて、細菌とかが生きられなくなるまで。
松井　太陽が近づいてくるってどういう意味? 地球が落ちていくのかい?
学生　いえ、太陽が膨張するんです。
松井　五〇億年後、太陽は膨張して地球を飲み込みますが、じゃあそれと一緒に生物も地球上から消えるというのが君の答えですか?
学生　はい。
松井　そうでないと思う人は?
学生　はい。その前に地球に大きな隕石がぶつかり、現在の軌道が保てなくなった結果、生態系が生き残ることのできない環境になってしまいます。
松井　現在の軌道が保てなくなるような衝突が起こるということはまずあり得ません。地球の歴史においては天体の衝突で生物の絶滅が起きたことはあるけれど、軌道を変えるような衝突は一度も起きていません。現在の太陽系は天体力学的にとても安定しているので、小惑星程度の天体がいくらぶつかっても地球の軌道が変わることは起きないのです。

学生　答えではなく質問なんですが、生物圏が終わるときというのは、今地球上に存在している生き物が残らず死ぬ瞬間ですか？

松井　その質問は非常に重要ですね。この問題を出したとき、私は生物圏という言葉の説明をしませんでした。つまり生物圏というのは私の脳の中で内部モデルとして描いた概念なんです。だからそれを明確にしなければ、答えは導けない。そういうことをまず質問しなさい、と本当は言いたかったわけ。

では改めて生物圏の定義を説明しましょう。基本的には光合成をしている生物が根幹にあって、それに従属して生きる生物がいる。それらが相互に関係しあってできあがったシステムが生物圏、という意味です。光合成生物といっても、植物だけを指しているわけではありません。シアノバクテリアのような細菌も含めてです。生命の誕生そのものは三八億年ぐらい前まで遡れますが、生物圏が生まれたのは今から二〇億年ぐらい前のことです。生命が誕生したということと、生物圏が生まれたということは、じつは同じことではないんです。

学生　じゃあ、今の生物圏が消滅した後に、もう一度生物圏ができたら？

松井　そう簡単にはいきません。だってそれは、生命の起源を最初からやり直すっていうことですから。もし生命がそんなに簡単に生まれるものなら、火星や金星にも我々がすぐ見つけられるような生命がいてもいいはずです。

さて、この質問の答えを言いましょう。地球上から生物圏がなくなるのは五億年ぐらい先のことです。太陽の膨張という話題が先ほど出ましたが、太陽は現在も明るくなり続けています。じつは地球が誕生した頃には、太陽は今より三〇％程度暗かった。太陽は四六億年かけて今の明るさになり、今後も一億年に一％くらいの割合で光度を増していきます。

一方、地球はそうした外的条件の変化に対抗して地表温度を一定に保つために、温室効果ガスである大気中の二酸化炭素（CO_2）を減らしてきました。我々が二酸化炭素を排出しなければ、五億年後には大気中の二酸化炭素は今の一〇分の一ぐらいになります。そのような二酸化炭素の濃度では、普通の光合成生物は生きられません。ですからあと五億年ぐらい経《た》つと地球上から生物圏がなくなる、というのが問いの答えです。こういう地球環境の成り立ちと変遷について、次回に話します。

2時間目　地球環境の成り立ちと変遷

地球の普遍性と特異性

地球のように、太陽の近くを回っていて、主に固体でできている惑星を「地球型惑星」といいます。地球型惑星に分類できるということは、地球という天体と組成的、構造的に比較すれば、太陽系においては普遍性があるということです。たとえば地球には大気がありますが、火星や金星にも大気はあります。内部構造としてコアとマントルと地殻に分かれているのも、地球だけではなく共通です。さらにいえば月もそうです。ベスタという地球の二〇分の一ぐらいの小惑星でも、地球とほとんど同じ内部構造をもっています。あるいは磁場に関しても同様です。地球は磁場をもっているために、磁気圏と呼ばれる領域で表層がおおわれています。これも地球だけではありません。水星にも磁場があるし、ガリレオ探査の結果ガニメデという木星の衛星が、非常に強い磁場をもっていることが判りました。つまりここで例にあげたような特徴は、地球だけの特徴ではなく、太陽系スケールでは普遍的ということです。

それに対して、地球には他の地球型惑星にはない特異性もあります。たとえば海洋があるとか、生命が存在するとかです。これは大きくいえば、地球環境ということです。このように地球環境の特徴のうち、何が特殊で何が普遍的かを太陽系スケールで考えてみたいと思います。

金星、火星と地球を比較

まず、地球型惑星のうち地球の両隣にある金星、火星と地球のそれぞれの環境を比較してみましょう。この三つの惑星はすべて大気をもっていますが、大気圧や地表温度は異なります。地球の場合、一気圧で地表温度が、全球を一年間平均した温度で一五℃。先ほど海洋が存在するのは地球の特異性といいましたが、どうして地球の表層に液体の水があるのかは単純な理由です。一気圧で地表温度が一五℃だからです。そのような温度、圧力下では水の状態が液体ということです。

火星はというと、大気圧が〇・〇一気圧ぐらいで、全球平均温度がマイナス六〇℃くらいです。ですから、現在の火星地表環境では水は氷という形態しかとり得ません。ただ、火星地表に水がどのくらいあるかというのは、まだよく判っていません。火星の表層はレゴリスという粉々に砕かれた岩石破片でおおわれていますが、その隙間《すきま》に水がいっぱい詰まっていると仮定して計算すると、深度一キロメートルぐらいの海があっても不思議ではないんです。

金星の地表環境は、大気圧が一〇〇気圧弱で、地表温度が四六〇℃ぐらい。そのような環境では、水は水蒸気という形態しかとれない。地下にも水はないと推測されますから、大気中の水の量が金星の水の総量ということになりますが、量ってみるとごく微量です。

次に大気の成分を比較してみます。火星、金星の大気は、主成分が二酸化炭素、次に多いのが窒素です。それに対して地球大気の主成分は窒素、次に多いのが酸素です。ここまでをまとめると、海洋があること、そこに大気の主成分が窒素であること、大量の酸素分子を含むというのが、地球環境の大きな特徴であり、特異性であるといえます。

どうしてこうなったのか。これをきちっと講義しようとすると、大気と海洋の起源・進化というテーマだけで一五回話しても終わりません。ここでは、大気の起源について概略の概略程度、地球環境の特異性、とくに海の存在について関連の話題を紹介します。

地球の材料物質

ここからの話も地球型惑星に限ります。大気や海洋の起源とか進化を探っていくには、相変化の問題が大事です。物質は温度や圧力の変化にともなってガス状になったり、固体、液体になったりと変化します。たとえば揮発しやすい物質が蒸発して地表をおおっているものを大気と呼んでいるわけですね。では地球型惑星を構成する揮発性物質はどんなものなのか、考えなければならない。

簡単化していうと、惑星を含め、太陽系天体の材料物質はガスと揮発性物質、難揮発性物質です。水素とヘリウムは太陽系のどんな条件下でもガスです。揮発性物質というのは、炭素とか窒素、酸素などの元素からできる物質。炭素なら酸素と結合して二酸化炭素になったり、水素と結合してメタンになったり、窒素もアンモニアになったり窒素酸化物になったりしますが、こういう揮発性物質は、太陽系空間の条件下では普通はほとんど氷になっています。

難揮発性物質とは何かというと、元素でいえば珪素とかマグネシウム、鉄など、岩石を構成する物質です。太陽系では珪素ならSiO_2、鉄ならFeO、マグネシウムだったらMgOとか、こういう酸化物が組み合わさって、さまざまな鉱物になります。たとえばSiO_2とMgOが組み合わさると、輝石という鉱物になる。だからここでいう難揮発性物質とは、造岩鉱物になる物質と考えてください。

さて、大気の形成に関して、物理的な過程として何が重要かというと、揮発性物質と難揮発性物質の分離です。先ほど言ったように、温度、圧力条件が変化すれば、それぞれの物質の相変化が起きて揮発性物質と難揮発性物質は分離します。ではどうしたら温度や圧力の変化が生じるのか。これには二つの原因が考えられます。天体衝突という現象と、火成活動です。

天体衝突と火成活動

まず天体衝突を考えてみましょう。小惑星帯から地球に降ってくる天体のスピードは、秒速二〇キロメートルを超えます。彗星の場合には、秒速五〇キロメートルを超えます。我々はまだ、こういう超高速衝突という現象について、正確には何も知りません。しかし、衝突の瞬間には超高圧、超高温状態が発生します。ＮＡＳＡのエームス研究所には天体衝突を実験室で再現する衝突銃があり、私たちもそれを使って研究していますが、この装置で発生させられる最高スピードはせいぜい秒速八キロメートル。それで再現できる衝突現象は、秒速二〇キロメートルの現象とは決定的に違うんです。

何が異なるか？　秒速二〇キロメートル以上の衝突が起きると、その超高圧、超高温のため岩石も何もかもすべてが瞬時に蒸発し、衝突蒸発雲が拡がっていきます。すべての物質がガス化して、ガス化した状態から難揮発性物質は再び凝縮過程を経て鉱物のような固体として、あるいは液体やそれが固化したガラスが形成されます。一方、揮発性物質はガスのまま大気として残るわけです。

相変化を引き起こすもう一つの現象が火成活動です。揮発性物質というのは、たとえば水でも二酸化炭素でも圧力がかかるとマグマの中に溶け込みます。炭酸水を考えると判りやすいと思います。あれは圧力をかけて二酸化炭素を水の中に溶け込ませているわけですね。ところが炭酸水の栓を抜くと圧力が下がるから、わっと泡がわいて二酸化炭素が出てくる。これと同じで、火山活動を通じてマグマが地表まで上がってくると、圧力が低下し、難揮発性物質と揮発性物質との分離が起こるわけです。揮発性物質はマグマが地表に上がってくると、気化し気泡になって体積が増えます。そうするとマグマ自身の密度が下がるために、浮力が増してすごい勢いで噴き出してくる。これがいわゆる火山の爆発的噴火現象です。このようにして、難揮発性物質と揮発性物質の分離が起こります。ここまでをまとめると、天体衝突と火成活動が、大気と海洋の起源、進化を考えるうえでのもっとも重要な物理的素過程です。

地球大気の起源

地球の形成時には、微惑星の激しい衝突が相次ぎます。したがって、その衝突にともなう脱ガスにより原始大気が形成され、原始大気の温室効果のため地表はマグマの海におおわれ、その相互作用により大気の進化が決まります。

次に、地球の大気の起源について、現在知られている制約条件を述べておきます。一次起源ではなく二次起源である、ということです。一次起源説というのは、太陽系の条件下ではいつでもガスのまま存在している水素とヘリウムを、重力的に捕獲して大気としたという考え方のことです。木星とか土星の大気はこれです。

二次起源説というのは、太陽系星雲ガスをそのまま取り込んだものではなく、地球を形成した材料物質に含まれる揮発性物質が何らかの過程を経て蒸発し、地表をおおって大気になったとする考え方のことです。この何らかの過程というのが、先ほど紹介した天体衝突とか火成活動のことです。地球の大気は二次起源と考えられています。金星、火星、また最近見つかったタイタンの大気も二次起源だと考えられています。

なぜ地球などの大気が二次起源だと考えられているのでしょうか。それは、希ガスの同位体組成から判るのです。希ガスというのはヘリウムとかアルゴン、ネオン、クリプトンとかの総称で、これらのガスには同位体がたくさんあります。同位体というのは、化学的な性質は同じだけれど、質量が若干違う元素のことです。たとえばアルゴンの36とか40とか、その質量をつけて表します。

希ガス同位体組成というのは、化学的な反応によって決まるのではなく、物理的な理由で決まります。というのは、希ガスは他の元素と化合したりせず、単体として存在しているので、その組成は蒸発とか、大気の散逸とか、物理的な過程に依存しているからです。たとえば天体の重力が小さいと大気は逃げていきますが、その重さによってそれぞれの成分の逃げる速さが違う。だから希ガスの同位体組成を調べたとき、重いものがより多く残り、軽いものが無くなっているというのは、何か重力的な分離過程があった、ということを示唆しているわけです。

大気の散逸という重力的な選択過程が起こったとすると、同じような質量のものは同じように残っていなければならない。たとえば大気の主成分である窒素や二酸化炭素、地表付近に大量にある揮発性物質である水なども、希ガスと同様その質量に応じてその量が残っていなければならないわけですよね。ところが実際にはこれらの物質は、太陽系星雲ガスが大気として取り込まれたとすると、希ガスから推定されるよりずっと多く残っている。ということは、地球の大気は水素とかヘリウムとかの太陽系星雲ガスをそのまま取り込んだものではなく、材料物質から脱ガスしたものが溜まって大気になった二次大気だと考えられるわけです。

大規模な脱ガス現象

現在の大気のでき方には、二つの考え方がありました。地球の歴史四六億年間の火成活動を通じて揮発性成分が蓄積され、今の大気になったという連続脱ガス説。これは一九五六年ぐらいにアメリカのルーベーという地質学者が出したアイデアです。それに対して一九七〇年代に地球史の初期に大規模な脱ガスがあって短期間のうちにできたという考え方も提出されました。

これらの説を検証するにも、アルゴンの同位体36と40を使います。アルゴン36というのは、最初からアルゴン36として存在していますが、アルゴン40はカリウム40が崩壊してアルゴン40に変わったものです。もともと岩石の中にあったカリウムが崩壊し、アルゴン40ができる。それが火山活動を通じて大気中に放出される。現在の大気中のアルゴンの総量の中にどっちがどれぐらい含まれているかという研究の結果、どうやら地球の大気は地球ができて一〇億年以内ぐらいに八〇%くらいが脱ガスしてできたほうがもっともらしいと判ったんです。四六億年かけて連続脱ガスしたものではなく、初期に大規模な脱ガス現象が起きて今の大気が作られたんだということです。

ですから、地球の大気、海洋の起源に関しては、二次起源大気であり、初期大規模脱ガスによって作られたことになります。このことと最初に説明したような惑星形成の物理的過程がどう結びつくのかですが、地球形成期の微惑星の衝突によって作られたということが、もっとも有力な考え方です。その詳細は今日の講義では時間の関係で省きます。

暗い太陽のパラドックス

次に海の存続の問題を考えてみましょう。海があるというのが地球環境の特異性だといいました。海の存在は生命の誕生や進化にも関わってきます。もし過去に、長期にわたって海が凍りついていたりしたら、生命は地球に生まれなかったはずです。では、地球の海は地球の歴史を通じて安定した状態で存在してきたのか。これを知るためには、地球環境がどのくらい安定しているかを考えなければなりません。

地球環境の安定性に関しては、「暗い太陽のパラドックス」という問題が知られています。太陽の輝き方は、じつは一定ではないんです。昔は暗く、次第に明るくなってきたと考えられます。図2は太陽の明るさの変化と、現在の大気がそのまま過去にも存在したとして、地球の表面温度の変化を表したものです。

先ほど地球の現在の全球平均温度は一五℃と説明しました。大気の量と成分が、地球史を通じて現在と変わらないという条件下で、太陽の光度変化に応じた地表における温度変化を計算すると、二〇億年前には〇℃、三八億年前にはマイナス二五℃近くになってしまいます。この計算が正しければ、二〇億年以上前の地球では、海が全球で凍りついていたということが結論として導かれるわけですね。

ところが、海は三八億年前から存続していたという、地質学的な証拠がある。それは、三八億年前の堆積岩の存在です。堆積岩というのは、温暖湿潤な気候の下で、降った雨が岩石を侵食し、それが海に運ばれて堆積したものです。これが存在するということは、三八億年前の地球は、温暖湿潤で海洋もあったということになります。しかし太陽の明るさの変化に基づいて理論的に考えていくと、当時の海は凍りついていたことになる。矛

図2　太陽の光度変化と地表温度変化

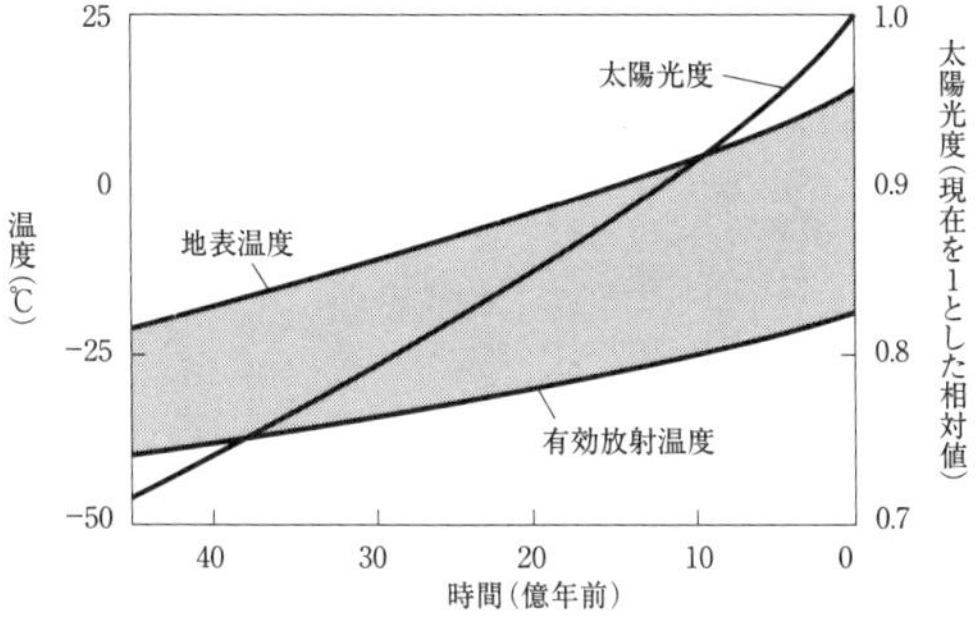

太陽は約46億年前には現在の光度の約70パーセントであったと考えられている。

盾していますね。この矛盾のことを「暗い太陽のパラドックス」というんです。
この問題を提起したのは、カール・セーガンと彼の仲間でした。一九七二年のことです。これが大気、海洋の起源を考えるうえで重要な問題になりました。それに対する答えを出したのが我々です。一九八六年に、「地球の大気と海はどのようにして生まれたのか」という論文を「ネイチャー」誌に発表しました。

これが先ほど省略した微惑星の衝突脱ガスによる原始水蒸気大気の形成の話ですが、ここでも省略して、「暗い太陽のパラドックス」という矛盾はどうして生じたのかを話しておきます。先ほどの計算では、昔の大気が今の大気と変わらないと仮定しましたね。ところが実際の地球では、図3のように二酸化炭素が地上付近を循環し、大気の成分は変動しているわけです。大気中にある二酸化炭素は、雨が降るときその雨に溶け込んで地表に落ちます。それが地表を侵食する、つまり岩石を溶かしてその成分を海の中に流し込む。海の塩分というのは、じつはこの地表の侵食でもたらされた成分のことです。だいたい三%強ぐらい塩分が含まれている。

海中の水素イオン濃度、いわゆるpHもこの循環による大陸の侵食で決まります。pHは7なら中性、7より低ければ酸性、高ければアルカリ性です。現在地球の海はだいたい8弱です。二酸化炭素は、水に溶け込むときは重炭酸イオン（HCO^{3-}）として溶け込み、それが海に入る。海の中ではこの重炭酸イオンと、岩石が侵食されて流れ込んできたカルシウムイオンが反応して、炭酸カルシウム（$CaCO_3$）という物質になります。現在の海では、貝が貝殻を作るときなどにこの重炭酸イオンとカルシウムイオンを利用して炭酸カルシウムを合成しています。貝が死ぬと貝殻（炭酸カルシウム）は海底に堆積します。生物がいない時代でも重炭酸イオンとカルシウムイオンが海にどんどん供給されると、炭酸カルシウムとして海底に溜まっていきます。

図3　二酸化炭素の循環

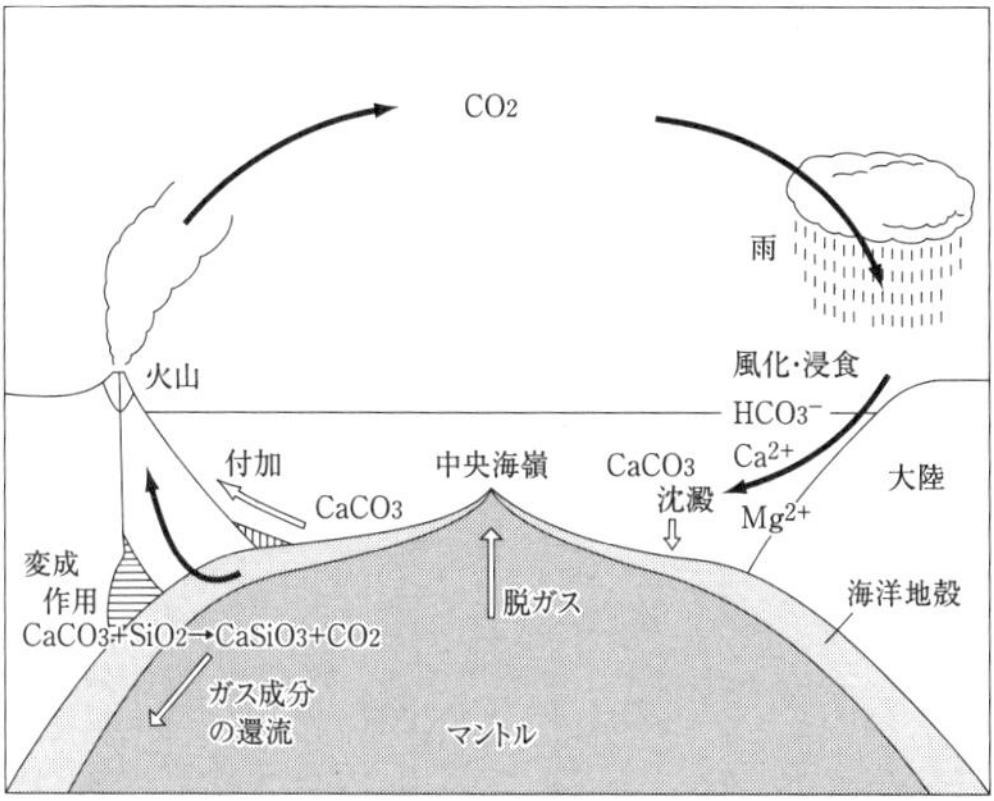

プレートテクトニクス

もし海底が動いていなければ、炭酸カルシウムは海底に溜まる一方ですが、海底は動いています。プレートテクトニクスという言葉を聞いたことがありますよね。地球の表層を十数枚のプレートがおおっていて、これが水平に動くため地震や火山活動も起きるんだけれど、もう一つ重要なことはこの運動が、地表と地球内部をつなぐ物質循環も引き起こしているということです。海のプレートが大陸プレートにぶつかると、大陸プレートの下に潜り込んでいきます。要するにマントルの中に潜り込むわけです。それが中央海嶺というところでまた出てきて新たな海洋地殻を作ります。それが海洋プレートとして移動し、また潜り込むという循環をくり返しているわけです。

海底に沈んだ炭酸カルシウムもこのプレート運動によって移動し、大陸の縁まで運ばれます。大陸の縁には砂がありますから、その砂、すなわち珪酸と炭酸カルシウムが海洋プレートと一緒に潜り込み、温度が高くなると反応して、珪酸カルシウム（$CaSiO_3$）という物質ができます。この反応の際二酸化炭素が発生し、これが火山活動を通じて大気に戻ります。大気中の二酸化炭素は、こういう形で地表付近の物質循環に関わっているわけです。

この循環を考えると、「暗い太陽のパラドックス」という問題が解決されます。この二酸化炭素の循環は、地表温度に左右されています。気温が上がると海水がより多く蒸発します。したがって大気中に水蒸気が増え、雨が多く降る。逆に気温が低ければ、雨量は少なくなるわけですね。

太陽が暗くなると温度が下がり、雨量が少なくなり、大気中から二酸化炭素が除去されなくなります。一方、火山活動により大気に供給される二酸化炭素は気温の影響は受けませんから以前と変わらず、結果として大気中に二酸化炭素がどんどん増えてきます。二酸化炭素には温室効果があります。すなわち、太陽が暗くなり地表が冷たくなってくると、大気中に二酸化炭素が溜まり、その温室効果で地表を暖かくしようとするんです。太陽の光度変化に対して、地球はシステムとして応答している。だから地球環境は安定しているんです。

雪球地球

地球環境の四六億年にわたる変化は、基本的には最初熱かった状態が冷えてきたことが判っています。その詳細については地球の進化を紹介する際、もう少し詳しく説明しますが、簡単に紹介すると、地球ができたばかりの頃は、微惑星の衝突によって原始水蒸気大気が形成され、衝突の際に解放された熱で地表は融け、マグマの海におおわれていました。それがその後冷えて地殻が生まれ、原始水蒸気大気が凝縮して海が誕生し、海と原始地殻が反応して大陸地殻が誕生します。地殻の分化ですね。これが地球の誕生から五億年以内に起きたと推測されます。それ以降、地表の温度はあまり変わっていません。ただ、ときどきは大きな温度変化があるんですね。たとえば二〇億年くらい前、地球上に初めて氷河期（実際には雪球地球＝スノーボールアース）が到来します。そのあと七億年前とか六億年前にも氷河期がやってきて、それ以降になると氷河期は頻発する。これが地球環境の長期的な変動です。

どうしてこんな変動が起きるのか。それは現在の地球の気候を考えても理解できます。現在の大気中の二酸化炭素量を前提に、氷床がどの緯度までおおうかを考えてみます。理論的にモデル計算をすると、三つの解が導かれます。赤道まで凍結してしまうほどの非常に冷たい状態、極も含めてまったく氷床がない暖かい状態、そして六〇度ぐらいまで氷床が張り出している、現在の地球のような状態の三つです。計算上、現在の大気中の二酸化炭素量でも、この三つの状態はすべて可能です。そのときの地球がこのどれになっているかは、ある種の偶然が決めているという結果になります。

最近の南アフリカやカナダの地質調査によると、六、七億年前あるいは二〇億年くらい前の氷河期には当時の赤道にまで氷が張り出していたらしい、ということが示唆されています。当時の赤道域でも氷河の堆積物が見つかったりするからです。つまりこの頃地球は全球が凍結した状態にあったということですが、こういう地球を「雪球地球」と呼びます。

こうした変動がなぜ起きるのでしょうか。非常に単純に考えれば、火成活動で地球の中から二酸化炭素が供給され、それが地表を循環し、大気中の二酸化炭素がバランスしている、と先ほど説明しましたが、この火成活動が突然何らかの理由で止み、大気中に二酸化炭素が供給されなくなったと考えれば説明できます。大気中の二酸化炭素が減ると、温室効果ががくんと減って、地球が冷えるというわけです。

じつはこうした地球環境の変動にともなって、さまざまな生物の絶滅と進化が起きていると も考えられます。古生代、中生代、新生代、あるいはさらに細かくジュラ紀、白亜紀など、地質年代が定義されていることは知っていますね。この地質年代の境界では、生物の絶滅が起こっているんです。逆に考えれば、絶滅が起こるから、化石を見ることによって地層の年代が判定できるということです。

大気中の二酸化炭素の濃度変化については、六億年前ぐらいまでたどれますが、この間に二酸化炭素濃度は一〇倍以上変化しています。それにともなって気候が大きく変化することは十分考えられることなのです。

大気中の酸素量に関しても、地球の歴史を通じてどう変わったか、ある程度推測されています。酸素濃度が大きく変動する時代に、雪球地球的な変化が起きているという考え方も提唱されています。雪球地球について地質学的な証拠が見つかったのは一九九八年頃ですから、まだ研究は始まったばかりですが、地球環境の変動と生物の絶滅、あるいは大気進化というものがすべてリンクしている可能性も十分に考えられるんです。

最近は、南極やグリーンランドの氷床をボーリングして、氷のコアサンプルを取り出し、そのコアサンプルを分析する調査が行われています。氷は昔堆積した雪が凍ったものですから、その中にはその当時の空気が含まれているわけです。空気の化石ともいえますね。この空気の化石の酸素同位体を調べると、そのときの気候が解析できる。たとえば暖かいときは蒸発が盛んですから、酸素の同位体のうち軽いものはどんどん蒸発して大気中に出ていきます。ですから酸素同位体の重いもの、軽いものの比率を調べれば、気候の寒暖が判るわけです。南極の氷床については、現在日本の南極観測隊が採集した三〇万年前ぐらいまでの氷の分析データがありますが、将来は七〇万年前ぐらいまで、そのようなデータが得られるといわれています。

現在の地球は、このような環境変動の中では、気候的に非常に安定した時代だといえます。氷床のコアサンプル分析データからみても、今ほど気候が安定していた時期は過去三〇万年にはありません。その間、地球は氷期と間氷期をくり返していますが、現在の状態は一万年前から始まりました。一万年前といえば、ちょうど我々人類が文明を築いた時期です。ということは、気候の安定が文明誕生の大きな理由かもしれない、と考えられますが、この話題は次回に紹介します。

3時間目　文明とは何か

——地球システム論的文明論

地球システムとは

今日の講義のメインテーマは「文明とは何か」です。宇宙という空間スケール、あるいはその歴史という時間スケールで、文明というものがどうとらえられるかを考えます。まず、現代という時代の特徴は何なのかを考えてみます。夜半球の地球を宇宙から眺めると、煌々《こうこう》と輝く光の海が見えます。宇宙から見ると、我々の存在が見えるわけです。

可視光として見えるだけではありません。電波でも我々の存在は宇宙から認識できます。ラジオやテレビの電波が宇宙に漏れています。たとえば二五光年ぐらいのところに智的生命体がいたら、すでにこのような電波を受信して、「あそこに智的生命体がいる」と判断し、我々に何らかのシグナルを送っているかもしれません。宇宙的スケール、地球的スケールで見たら、まさにこれこそが文明なる生き方の特徴なんです。

この光の海を概念化して考えると、我々はいま、地球システムの中に「人間圏」という新しい構成要素を作って生きているということになります。それまでの地球システムの構成要素の中に、我々が新たに作った人間圏が加わった。

今述べたことを理解してもらうためには、まず地球システムとは何かを理解してもらわなければなりません。システムというのは、地球に限らず、複数の異なる構成要素から成ります。

ちょっとむずかしい言葉を使うと、それぞれの構成要素というのは、それぞれに固有の力学と特性時間があることが条件です。たとえば地球には大気、海洋、大陸地殻、生物圏といった構成要素がありますが、大気の運動は海洋の運動とは違いますね。これが固有の力学ということの意味です。それに加えて、何か変化が起きたとき、その変化が減衰していく時間、それを特性時間というもので表しますが、それも、それぞれ違いますね。大気で起こる現象は短いけれど、海はもう少し長く、マントルだともっと長くなる。このように固有の力学と特性時間をもったものを構成要素として定義し、それが複数から成る、というのがシステムのまず第一の条件です。

次の条件は、それらの構成要素が互いに相互作用をもつこと。たとえば人間だって、三人いたとしても、お互い話をしなければお互いの関係性は生まれないでしょ。それと同じように、地球の物質圏を構成要素としてその間に相互作用がないとシステムとはいえない。

関係性がどうして生まれるかというと、物が循環したり、その間にエネルギーが流れたりするからです。地球の場合でいえば、前回の講義で紹介した二酸化炭素の物質循環とか水の物質循環などが、関係性です。これを専門用語でいえば、「フィードバック・ループがある」といいます。フィードバックではなく、フィードフォワードでも構いません。構成要素を箱で表すとすると、それぞれの箱の間で物の出入りがある場合、最後には当然一周してもとの箱にも物が戻ってくるでしょう。これがフィードバック・ループを作るということです。

　たとえばある箱から出ていくものを少し増やしたら、その箱に入ってくるものがそれに比例してもっと増えたという変化があったとき、つまりその変化がプラス効果をもって自分に戻ってきたら、これを「正のフィードバック」といいます。逆にその変化がどんどん小さくなっていくときは「負のフィードバック」といいます。こういう関係性をもっているのがシステムの特徴ですね。

　人体で考えてみても同じです。たとえば血液の流れのようなものが物質循環に相当します。心臓の動力で送り出された血液は、体内をめぐる間にいろいろな臓器で養分を吸収され、あるいは廃棄物を吸収し、最後には静脈血として心臓に戻ってくる。こういう養分、廃棄物のやりとりという関係性の上に成立しているのが人体のシステムです。

　地球の場合、そのシステムの外部と内部に関係性を生み出す駆動力があります。外部の動力の主要なものは太陽のエネルギーです。月も潮汐力《ちょうせきりょく》を及ぼして、たとえば水を動かしている。また天体衝突を通じて外部からエネルギーや物質が地球にもち込まれたりしている。これも駆動力の一つに数えられるわけです。

　一方、地球内部にはさまざまな熱エネルギーが蓄えられています。これが内部の駆動力です。地球をシステムとして考えると、物質循環という関係性に注目すれば、物質の分化ということで地球の歴史を語ることもできるし、駆動力に注目すれば熱的な歴史として地球史を語ることもできる。地球システムというとらえ方は、このようにあらゆることに関係して重要です。

誕生時の地球の姿

現代は地球システム論的に考えれば、時代の画期です。なぜ画期かを説明するために、地球システム論的な歴史の概略を見てみましょう。地球の材料物質は、岩石と氷とガス（水素とヘリウム）であることを前回紹介しました。ガスは地球の重力では長期にわたって保持できないから、基本的に岩石と氷が地球の材料物質と思っていいでしょう。なかでも量的に圧倒的に多いのは岩石。そもそも地球は、その軌道付近にあった無数の微惑星が集まってできたわけですが、その位置エネルギーはばらばらの状態だったときのほうが高かった。これが集まって地球という一個の天体になると位置エネルギー的には低くなります。地球の中心からの距離で考えれば、位置エネルギー的には高いところから低いところへ移動するわけですから、そのエネルギーが解放されますね。それが地球を暖めるんです。

ではどのくらいのエネルギーが解放されるか計算すると、全体としてはおよそ、10^{32}ジュールぐらいです。といっても判らないでしょうからもう少し具体的な例でいうと、それで地球を暖めたとして温度が二万℃から四万℃上がるくらいのエネルギーです。膨大な量の熱エネルギーが、地球誕生のときに解放されたわけです。

ただし、地球内部に取り込まれるエネルギー量は、このうちの一部です。微惑星が集積するとき、そのエネルギーは表面付近で解放されますから表面がどんどん熱くなりますが、一方熱くなればなるほど熱はより効率よく輻射《ふくしゃ》で逃げていきます。ですから内部に取り込まれる熱量は、基本的に一〇分の一程度、つまり数千℃程度です。数千℃でも地球がすべて融けないのは、内部にいくほど圧力がかかって、融点が高くなるため。だから表面付近だけが融けた状態になる。これを「マグマの海」といいます。

地球が生まれるとき、水成分は蒸発してガスになっていました。将来の海と大気のもとになるものが、原始大気として漂っていたわけです。その厚い原始大気の下の地上では、岩石がどろどろに融けたマグマの海が表面をおおっていた。これが誕生時の地球の姿です。

マグマと平衡でいられる大気の組成は、化学的に計算できます。そのような計算をすると、水蒸気がいちばん多く、ついで窒素。水素も大量につくられますけれど、水素は軽いので大気から宇宙空間へ逃げる、したがって水蒸気がもっとも多くなる。これが原始大気です。

誕生したあとは、この地表の熱が宇宙へ放射され、どんどん冷えていきます。マグマの表面が冷えて薄皮のように原始地殻が生まれる。大気中の水蒸気は、冷えると凝結し雨となって、地表に降って薄皮のような地殻の上に原始の海ができます。地球の内部では、マグマに含まれている金属鉄がその重さのために下に沈み、これがコアになる。残りはマントルを形成する。このように分化が進んでいきます。

地球が生まれたのはだいたい四六億年前です。形成年代がいかにして推定されるか。それも大問題ですが、それはまたあとで説明することにします。誕生後しばらくの間は天体衝突の頻度が高い時代が続いていました。これは地球と同じ頃生まれた月の地表に残されたクレーターの分析から判ったことです。

K—T境界層

前回、地球大気の起源と進化、地球環境の変動には火成活動と天体衝突が大きく関わっている、と述べました。しかし天体衝突が地球の進化に関わっていることは、つい一五年ほど前まで信じられていませんでした。一九八〇年代に「白亜紀末の生物絶滅の原因は巨大隕石の衝突だ」という仮説が発表されました。この仮説を提唱したグループの中心人物は、カリフォルニア大学バークレー校のアルバレス博士父子です。お父さんのルイスは一九六八年にノーベル賞をもらった物理学者で、息子のウォルターは地質学の教授です。彼ら父子とそのグループは、イタリアのグッビオという町の近郊などでK—T境界層の調査を行いました。K—T境界層というのは今から六五〇〇万年前に形成された白亜紀と第三紀の境界の地層です。その結果この地層中には高濃度のイリジウムが含まれることが判りました。イリジウムという元素は鉄・ニッケル合金と結びつきやすいので、コアの形成時にコアに取り込まれ、地殻には非常に少ない元素です。なぜK—T境界層には鉄・ニッケル合金が濃集しているのか。その理由をあれこれ考えてアルバレス博士たちが有力視したのが、隕石衝突という考えでした。ところが当時、その衝突によって形成されたようなクレーターはどこを探しても発見されず、この説は単なる仮説として扱われていたんです。

そのクレーターが見つかったのは一九九一年、場所はヨーロッパではなくメキシコのユカタン半島でした。このクレーターの年代を放射性元素を用いて決めると、六四九〇万年プラスマイナス一〇万年、まさに白亜紀末の六五〇〇万年前です。この頃天体が地球に衝突したということは事実として受け入れられることになりました。

我々もこのクレーターとその周辺の学術調査を行っています。一九九五年からメキシコやキューバ、ベリーズなどで調査を行い、たとえばキューバでは世界でもっとも厚いK—T境界層を見つけたりしています。地層が厚いことがなぜ重要かというと、天体衝突によって地球環境がどう変わったか、その後の時間的な変化の詳細がそこに記録されているからです。つまりこの地層の中に、地球環境の変化を記した古文書が残されているということです。この調査を通じて六五〇〇万年前の天体衝突で、巨大な津波が発生した証拠を我々は発見しました。

大陸地殻の誕生と生物圏

さて、話を地球が生まれた頃に戻します。地球形成後も天体衝突が続くことで、海の下の海洋地殻が融けて、新たな分化が起こります。その結果、花崗岩という岩石が生まれます。花崗岩は大陸地殻のもとになる岩石です。その形成が長期間続くと大陸地殻が誕生します。原始地殻が海洋地殻と大陸地殻に分化するわけです。これがほぼ現在と同様な地球の姿になったときです。いつ頃この姿ができあがったかというと、だいたい四〇億年前のことです。最古の鉱物という意味では四十数億年くらい前の古いものが見つかっています。

大陸地殻が生まれると、地球環境は安定します。前回の講義で話したように、太陽の明るさが変わってもシステムとして応答できるようになるからです。したがって大陸地殻分化以降はあまり大きな変化はありませんが、一つ大きな変化をあげるとすれば、生物圏が生まれたことです。最初の生命は大陸が生まれたあとすぐに誕生したと考えられますが、しばらくはただ細々と暮らしていただけと考えられます。その後二十数億年前になると、この細々と生きていた生命が地表付近で大量に繁殖して、地表付近に有機物から成る新しい物質圏が生まれます。これが生物圏です。その生物圏から、一万年ぐらい前に人間圏が分化したことになる。これがシステム論的に見た地球史の概観です。

人間圏を作って生きる

文明とは何かを地球システム論的に考えると、「人間圏を作って生きる生き方」となります。人間圏の誕生がなぜ一万年前だったかというのは、気候システムの変動に関わってきます。図4に最近数十万年の気候の変化を示します。気候システムが現在のような気候に安定してきたのは一万年前のことであるのが判ります。それに適応してその頃、我々はその生き方を変えたんですね。

人間圏を作って生きる生き方というのは、じつは農耕牧畜という生き方です。それ以前、人類は狩猟採集という生き方をしていた。狩猟採集というのはライオンもサルも、あらゆる動物がしている生き方です。したがってこの段階までは人類と動物との間に何の差異もなかった。これを地球システム論的に分析すると、生物圏の中の物質循環を使った生き方ということになります。生物圏の中に閉じた生き方です。

それに対して農耕牧畜はというと、たとえば森林を伐採して畑に変えると、太陽からの光に対するアルベド（反射能）が変わってしまう。ということは、地球システムにおける太陽エネルギーの流れを変えているわけです。また、雨が降ったとき、大地が森林でおおわれているときと畑とではその侵食の割合が異なります。別の言葉でいえば、そこに水が滞留している時間

図4　最近四〇万年の気候の変化

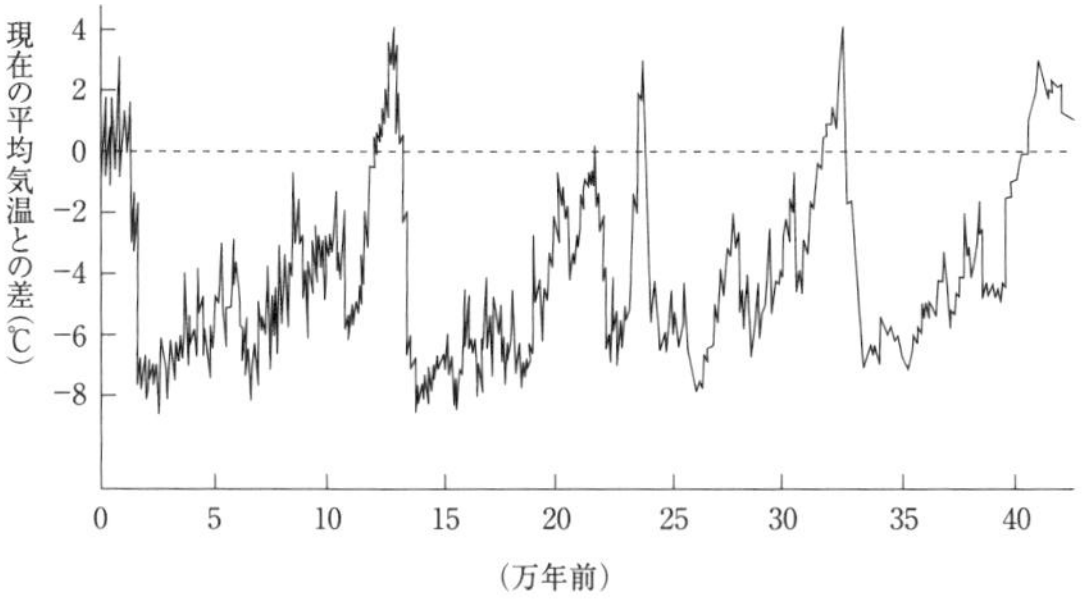

氷床コア試料からわかった過去四〇万年の気候変動
（IGBP/PAGESに基づく）

が違ってくる。すなわち、エネルギーの流れだけではなく、地球の物質循環も変わるということです。これを地球システム論的に整理して概念化すると、人間圏を作って生きるということになる。人類が生物圏から飛び出して、人間圏を作って生き始めたために、地球システムの構成要素が変わったわけです。

ところで、先ほど一万年前に人間圏ができたのは気候が変わったからだと言いました。そういう時期は最近の一〇〇万年くらいをとっても何回かあったでしょう。人類の誕生以来の歴史七〇〇万年ぐらいまで遡ってみれば、一万年前と同じような時期が何度もあったはずですから、たとえばネアンデルタール人が農耕を始めてもよかったことになる。でも、彼らはそうしなかった。農耕牧畜という生き方を選択し、人間圏を作ったのは、我々現生人類だけなんです。

おばあさん仮説

それはなぜなのか。現生人類に固有の、何か生物学的な理由があるのではないかと考えられます。類人猿や他の人類にはなく、我々だけがもっている特徴は何だろうと考えると、まず思い当たるのは「おばあさん」の存在です。おばあさんとは、生殖期間が過ぎても生き延びているメスのことです。たとえば、類人猿のチンパンジーのメスと比べても、現生人類のメスは生殖期間終了後の寿命が長い。なおこの場合、オスは関係ありません。オスは死ぬまで生殖能力があります。したがって、おじいさんは現生人類以外にも存在します。しかし、おばあさんは他の哺乳類には存在しないし、ネアンデルタール人の化石からも、現生人類のおばあさんに相当する骨は見つかっていません。おばあさんの存在は、現生人類だけに特徴的なことなんです。

では、おばあさんが存在すると何が起こるのか。すぐに思いつくのは、人口増加です。なぜかというと、おばあさんはかつて子供を産んだ経験をもつわけですから、お産の経験を娘に伝えることができる。するとお産がより安全になり、新生児や妊婦の死亡率も低くなりますね。

さらにおばあさんは、娘が産んだ子供のめんどうもみます。たとえば娘の生殖期間が一五年として、子育てに五年かかるとしたら三人しか産めない。ところがおばあさんがいることで五年が三年に短縮されたら五人産める。ということで、おばあさんの存在が人口増加をもたらしたのではないかと、私は考えています。このことは最近の研究からも確かめられています。

我々現生人類は一五万年前ぐらいにアフリカで誕生したのですが、五、六万年前ぐらいには、すでに地球上に広く分布するようになっていました。人類のような大型動物が、なぜこんな短期間に世界中に拡散していったのか。これも現生人類の人口増加という問題を考えるとその理由が判ります。ある地域で狩猟採集をしながら生きられる人間の数は決まっています。そこで人口が増加すると生きられなくなる人が出てきます。すると次々と新しい場所に移り住んでいかなければならない。そうした人口増加による食糧難に直面していたとすると、今まで採集していたものが毎年同じ時期に採れるようになったら、それを栽培してみようと思うでしょう。こうして農耕が始まったと考えることができます。

言語と共同幻想

現生人類が人間圏を作って生きられるようになったもう一つの理由は、言語が明瞭に話せたからではないかと考えられます。農耕が始まり、余剰の食糧が生まれれば、たくさんの人が一ヶ所に集まって定住できるようになります。すると共同体というものが生まれますね。もし言語が明瞭に話せず、意思の疎通ができないようなら、共同体の中で殺し合いが始まりかねない。

我々現生人類のもう一つの特徴は、言語が明瞭に話せたことではないかということです。

これはおばあさんの骨が残っているかいないかという証拠に比べると、喉とか舌のような残りにくい構造に関係するので調べるのがなかなかむずかしいのですが、ネアンデルタール人と我々現生人類の喉仏の位置、喉の長さを比較して、やはり我々のほうが言語を明瞭に話せたのではないかということが最近明らかになりました。また頭蓋骨を調べると、これもネアンデルタール人より現生人類のほうが、ずっと言語野が発達しているという特徴がある。明瞭な言語を用いた会話により、現生人類はお互い経験していないことでも理解し合えるようになったと考えられます。

このように互いの会話を通じて脳の中にあるイメージが形成されますが、そのとき脳の中で何が起きているか？　大脳皮質の中のニューロンという神経細胞が伸びて、シナプスと呼ばれる神経細胞の突起とつながっていく。要するに大脳皮質の中にある神経細胞がネットワークを作っていくプロセスが発達する。言語を明瞭にしゃべることができるようになって、お互い脳の中に投影したイメージを交換することもできるわけです。脳の中に外界を投影した内部モデルを作ることができるということです。それが同じなら共通の内部モデルができるということです。内部モデルといってむずかしければ、「幻想」（あるいは仮想）といってもいいですね。

つまりリアルな外側の世界を脳の中に投影したものとして、幻想があります。この幻想が共同のものだったら、それを求心力にして我々は共同体の中にさらにいくつかの小集団を作ることができ、共同体というものをシステムとして運営できるようになる。こういう能力があったから、初めて我々は共同体を作って生きていくことができた。以上述べた三つの理由から、我々現生人類に至って初めて文明が作られたのではないかと、私は考えています。

共同幻想の破綻と未来

今、文明に関する問題として語られているなかで、いちばん大きい問題は地球環境問題です。また二〇二〇年問題といわれますが、二〇二〇年ぐらいを境に、一人当たりに配分される食糧も資源も減ってくるといわれています。今までは地球システムの中で人間圏が小さかったために、一見すると制約条件がないままに人間圏は右肩上がりに拡大し続けてきました。我々がもっている共同幻想の最たるものが右肩上がりという幻想ですが、それが近い未来に破れるわけですね。それによって人間圏のいろいろなところで現在のシステムの崩壊が始まるでしょう。

共同幻想のもっとも判りやすい例は貨幣でしょう。貨幣というのは物と物との交換をする、その代わりの媒介物として意味があるわけで、物との交換ができなくなったとき貨幣そのものに価値や意味があるわけではない。貨幣と物の交換は、物が豊富にあるときにはスムーズにいきます。しかし、物がなくなってくると貨幣の価値は著しく減少する。貨幣に関する共同幻想が破れるとは、こういうときですね。いくら貨幣をもっていたって、それで食糧を買えなければ餓死せざるを得なくなる。

終戦直後の日本の状態、あるいは私が体験した、一九八〇年代の旧ソ連の状態と同じです。八〇年代当時、旧ソ連の惑星探査を支援するためにしばしば旧ソ連に行きました。その際招待ですから滞在用にルーブルをくれます。しかしこれが使えないんです。デパートへ行っても品物が置いてないし、レストランも開いてない。といって帰国時にドルや円に交換することもできない。こうなると紙幣は単なる紙切れに変わる。だから私の場合、貨幣の幻想についてそのとき実感したのだけど、それと同じことが二〇二〇年以降生じてくると予想されます。

貨幣に限らず、あらゆる共同幻想に破綻が生じてくるでしょう。民主主義も市場経済主義も愛も神もすべては幻想です。科学だってある意味では共同幻想です。ただ科学が宗教と違うのは、あるルールを決めて外部世界を内部に投影していることです。したがって客観性はありますけれど、脳の内部モデルという意味では同じです。

共同幻想の崩壊というのが、人間圏の崩壊を引きおこす一つのシナリオでしょうね。それ以外にもいろいろ考えられます。インターネット社会を地球システム論的に考えると、システムとしての構成要素が個人になるということです。現在の人間圏というシステムの構成要素として機能しているのは国家です。それに基づいて人間圏の内部システムを作っていますが、これが個人になると人間圏の現在のシステムは崩れてしまう。

　この状態を宇宙の歴史と比較して、何に対応しているかと考えると、まさにビッグバンのその瞬間とか、地球誕生のときです。非常に高温で、すべての構造が究極の構成要素にまで分解されている状態です。たとえば宇宙誕生のときには、地球も岩石も、あるいは元素も原子核も、素粒子すら分解されて、クォークみたいな究極の構成物質があるだけです。それは混沌と無秩序の世界でした。人間圏の構成要素を個人にとるとは、そういうことに対応するわけです。

　だから我々がこれからどうしていくかを問うとき、新たなる共同幻想をどう作っていくのかというのが、まさに問われていることになる。このような発想は人文科学、社会科学系の人にはできません。しかしこのような発想で新しい国家論、あるいは世界システム論、経済システム論を構築しない限り未来は危ういということです。二〇世紀に成立した共同幻想に基づいて人間や社会を定義し、そういう方向で二一世紀を考えていくと、未来は破綻します。皆さんがどういう共同幻想をいだき得るかによって、地球の未来は決まるともいえるのです。

4時間目 生命の普遍性を宇宙に探る

――アストロバイオロジーについて

地球生命とは何か

今日の講義のテーマは「生命の普遍性を宇宙に探る」です。最初の講義でも述べたように、現時点で生命の存在が確認されているのは地球だけです。したがって我々は生物学と称し、その普遍性を探っているように思い込んでいますが、じつは、物理学や化学のような普遍性はありません。本来は「地球生物学」というべきことになります。そのような現状を打開しようと、現在も太陽系においてさまざまな生命探査が行われていますが、二一世紀に入ってからの宇宙探査は、宇宙における生命の存在と分布を探ることが中心テーマになっています。生命探査といっても現在は地球生命体を想定した探査ですから、もし地球の生命体が非常に特殊なものだったら、宇宙で同様なものが見つかる可能性があるかどうかは判りません。

ただ、地球生物学といっても、それですら普遍性があるかどうかは疑問です。我々が果たして地球の生物をすべて知っているのか？　じつは最近になって、極限環境といわれる環境にも生命が存在すること、そこに生息する生物は、我々が知っているようなものばかりではないことが判ってきました。大気の上空や深海底や、地下の高温生物圏など、極限環境にも生物が存在するのかということが、一〇年ぐらい前から詳しく調べられているのです。その結果、奇妙な生物の存在が次々と明らかにされています。太陽系天体には地球の表層環境とはまったく異なる極限的な環境が多い。したがって、そこで生命を探査するとなると、まず地球の極限環境にいる生物を調べることが必要になります。そこでアストロバイオロジー的な視点から、極限環境生物学が提唱され、実施されているのです。以下では地球生命の特徴と、その起源や進化について今判っていることを簡単に紹介します。

地球生命とは何かといったら、まず第一に細胞から成るということです。もっとも単純で原始的なものは単細胞で、なおかつ原核細胞です。その周囲の環境と何らかのやりとりをしてその構造を維持しています。そしてその構造や情報が次世代に引き継がれていく。材料物質や構造に関する情報が細胞内部にあって、それが次世代に伝えられていく。地球生物を見る限り、生命とはこういうものです。

生命の起源の研究は、現在は、生命の材料物質がどのようにして形成されるか、についての研究です。細胞のような構造を人工的に作る研究も行われていますが、細胞を構成するタンパク質、あるいはそのまた材料物質であるアミノ酸が無機的な過程で作られるのか、その過程を調べることが中心です。DNA、RNAという分子はどうやって作られるのかはまだ解明されていません。これらは生命の起源に関する化学進化の段階の研究と呼ばれます。生命の起源に関して現在はっきりとしたことがいえるのは、生命を構成する元素組成が海の元素組成と似ているということぐらいです（図5）。

図5　宇宙・人体・海水・地球表層に存在する主要元素

含量順位	1	2	3	4	5	6	7	8	9	10	(11)
宇宙	H	He	C	N	O	Ne	Mg	Si	S	Ar	(Fe)
人体	H	O	C	N	Ca	P	S	Na	K	Cl	(Mg)
海水	H	O	Cl	Na	Mg	S	Ca	K	C	N	
地球表層	O	Si	H	Al	Na	Ca	Fe	Mg	K	Ti	

最近では分子生物学的な研究が盛んです。各種生物のゲノムレベルの情報をすべて解析して、いろいろな生物で比較してみる。あるいは、地層の中に残されている、絶滅した生物の遺伝情報を採る試みも行われています。判りやすい例でいうと、自然に冷凍保存されていたマンモスのゲノム情報の解析。あるいは数千万年前の哺乳動物の皮とかも残っているので、それらからゲノム情報を読み取るとか、あるいは『ジュラシック・パーク』のように恐竜の血を吸った蚊が琥珀《こはく》の中に保存されていたら、そこからだって情報が得られます。

「生命の系統樹」という図が描かれています。リボソームRNAの塩基配列に基づいて生物の種類を分け、その因果関係を描いたものです。我々が知っている生物を真核生物とか古細菌、真正細菌というふうにグループに分けて、それらがゲノム的にお互いどのくらい近い、あるいは遠い関係にあるのかが調べられる。こういったゲノムレベルの研究が、日本では国立遺伝学研究所などで行われています。その中には、現生人類のルーツを調べる研究もあります。女性でしか追えないミトコンドリアDNAを比較することによって、現生人類の祖先はアフリカで生まれたことが判りました。

生物というのは絶滅と進化をくり返しているということが、地球の歴史から判っています。その化石になった生物を調べる学問を古生物学といいます。古生物学と分子生物学的な生物の研究を絡めて、生命の進化を探る研究が最近盛んに行われているわけです。

では地球上にいつ頃生命が誕生したのでしょうか。単細胞、しかも原核細胞の最古の化石は、オーストラリアで発見されています。それは三四億六五〇〇万年前の地層中に発見されています。その細胞化石とほとんど同じ生物が、現在の地球上にも生きています。シアノバクテリアという生物です。それは光合成をし、ストロマトライトという地質学的な構造を作ります。そのストロマトライトは最古の細胞化石よりもっと古い地層中にも残されています。もっとも古いものは約三八億年前のものです。

生物圏の出現

この辺で個体としての生命の起源と進化の問題の紹介は終え、地球システムの中に位置づけられる生物圏と呼ばれる有機物から成る物質圏の歴史について述べます。生物圏というのは、じつは光合成生物が多量に誕生した結果形成されたもので、生命の誕生とともに成立したものではありません。生物圏ができたのは今から二〇～二三億年前のことです。その当時地球環境が大きく変わったことを、二回目の講義で紹介しました。

どう変わったかというと、その頃地表環境付近に酸素が増えたのです。それまでの地球環境は現在に比べると還元的な状態でした。それが酸化的な状況に変化した。このことは鉄鉱床の存在から判ります。鉄という元素は海の中に陽イオンとして溶けています。大陸地殻の侵食によってこれらのイオンが海の中に運ばれてくるのです。それは環境が酸化的かどうかで鉄の二価のイオン（Fe^{2+}）として、あるいは三価のイオン（Fe^{3+}）として溶け込んでいます。二価と三価のイオンでは水への溶解度が異なります。二価の鉄イオンのほうが溶解度が高い。海中にたくさん溶け込んでいられます。これが三価の鉄イオンになると、溶解度が下がります。酸素が地表の環境に溜まるようになると、鉄イオンが二価から三価に変わり、その結果鉄が析出し、海底に鉄が堆積するようになります。

我々が今鉄鉱石として使っている鉄鉱床のほとんどは、こうしてできあがったものです。要するに地球環境が酸化され、海の中にあったFe^{2+}がFe^{3+}に変わり、その結果大量に沈殿したものが鉄鉱床になった。この鉄鉱床がいつ頃できたかを調べると、だいたい二〇～二三億年前です。

鉄以外にも、同じように酸化還元状態を変える元素があります。たとえばウラン。これも酸化的な環境と還元的な環境で、水に溶け込む性質が変わります。ウラン鉱床やウランの鉱石がいつ頃できたかを調べると、これもだいたい二〇～二三億年前だということが判りました。あるいは大陸の地表でもそのような変化を追跡することができます。土壌の中にも鉄分が含まれていますから、酸素が多くなると鉄が錆びて赤色の土壌になる。ですから古土壌（パレオソル）を分析することによっても、地球環境の変化が判ります。これらのことを総合的に判断して、地球環境が二〇～二三億年ぐらい前を境に酸化的な状況に変わったと考えられます。二回目の講義でいちばん古い雪球地球状態だったのは二〇億年ぐらい前で、それと生物の絶滅や進化が関係しているという話をしました。それは地表環境に酸素が増えるという事件とも関連していたわけです。

大気中の遊離酸素を作っているのは光合成生物ですから、その頃それが非常に増えたということです。光合成生物が増えることで生物圏が誕生し、地球環境が変わったと考えられます。それ以前の生命というのは嫌気的、要するに酸素がない条件下で生きる生物が主流だと考えられています。

先ほど紹介した生物の系統樹に古細菌、真正細菌とありましたね。これらの菌で、より古いものだと考えられているのは、だいたいみんな嫌気性で、しかも高温下で生きている生物なんです。一〇〇℃近い温度とか、海底下では何百℃という高温地域で生き延びてきた生物です。海底の熱水噴出孔の周りで生きているような生物ですが、量的にはそんなに多くはなく、生物圏のように地表の物質循環に関わることもありません。

原始的な生命はほとんどが嫌気性ですが、あるときから酸素の存在下でも生きられるような生物に変わり、量的にも増えて生物圏が誕生したということです。なぜ増えたかというと、光合成生物は太陽エネルギーを使っているからです。嫌気性生物が利用していた地球の内部から流出する熱エネルギーと比較すると、一〇万倍とか一〇〇万倍もエネルギー量が違いますから、生物量も圧倒的に多くなるということです。

シアノバクテリア

先ほども簡単に紹介しましたが、地球でいちばん古い生命の化石はどんなもので、いつ頃のものが残っているかというと、オーストラリアで見つかったシアノバクテリアの化石です。これが一九九二年頃、およそ三四億六五〇〇万年前の地層から発見されました。シアノバクテリアという生物は今も生きていますが、原核生物で単細胞。生命は大きく分けると原核生物と真核生物に分けられ、遺伝情報が核の内部に守られているものが真核生物、核のないものが原核生物です。

シアノバクテリアの細胞化石が発見されたのは三四億六五〇〇万年前の岩石からでしたが、じつはもっと前からシアノバクテリアは生きていたと考えられています。地球上でいちばん古い堆積岩として、約三八億年前のものが残っています。そこにストロマトライトという地質構造が保存されているのです。ストロマトライトというのは円錐状のストールみたいな形をしています。これはシアノバクテリアによって作られる構造です。シアノバクテリアは細菌ですが、マット状に群生して棲《す》んでいます。そこに砂が付着して円錐状の構造になるわけです。オーストラリアやメキシコのユカタン半島で現生のシアノバクテリアが作るストロマトライトを見たことがありますが、その上に座ると衣類が緑色に着色します。だからシアノバクテリアのことを、昔は緑藻と呼んでいました。

生命の化学進化

ここまでは細胞が生まれてからの進化、つまり生物進化の話をしてきましたが、その前の化学進化段階に話を移します。タンパク質を作るアミノ酸や、DNA、RNAを作るヌクレオチドといったいちばん基本の分子がどう作られるかという話です。生命の起源の研究としては、細胞が生まれる前の材料物質がどんな過程で作られるか、さまざまな実験が行われているのが現状です。熱水噴出孔のような環境、あるいは粘土の表面で、単純な分子がどのようにして分子数の多いものに変化していくか、というような実験が行われています。

アミノ酸に関していえば、ほとんどのものが無機的に作られています。問題はヌクレオチドですね。これがまだ作れない。ヌクレオチドは核酸塩基とリン酸、脂質などからできていますが、ある種の条件下ならようやく核酸塩基が作れるといった段階です。私の研究室でも最近はこの問題に興味があり、衝突蒸気雲の中でどのような分子が作られるのか、天体衝突実験装置を開発して、衝突蒸気雲を作る試みをしているところです。太陽系天体は、秒速一〇キロメートルを超える微惑星の衝突を通じて形成されます。大気や海もこの結果として生まれた。したがって生命の起源にも、必ずこのような天体の超高速衝突現象が関係しているはずです。私は、天体衝突はもっとも効率のよい化学工場ではないか、と思っているんです。その考えを詳しく説明していると時間がなくなるので、太陽系における生命探査に話を進めます。

太陽系の惑星探査

惑星探査には、いくつかの段階があります。最初の段階はフライバイといって、単に惑星のそばを通過し、その間に観測するという段階です。巨大ガス惑星について初めてこの段階の探査を行ったのは、パイオニアという探査機です。フライバイの次が、人工衛星になっての探査。これにも二つの段階があって、まずは赤道を回る軌道上に入る段階です。どの天体もだいたい太陽の赤道を延長した面上に分布していて、公転運動もその面上です。自転も公転と同様な向きが多い。ですから地球を飛び出した探査機も、調査対象となる天体の赤道上を回るのが、エネルギー的にはいちばん少なくてすむというわけです。

人工衛星になっての探査の二段階目は、極軌道といって両極をめぐる軌道上を回ります。エネルギー的には余分のエネルギーを必要としますが、このほうが地表のより広範囲の探査ができる。なぜかというと、赤道上を回っても極は見えませんが、自転の向きに対して垂直に回る極軌道なら天体の全域が観測できるからです。

たとえば木星を探査したガリレオ探査機や、現在土星を探査しているカッシーニ探査機は、基本的にそれぞれの天体の赤道を延長した面上を回っています。それに対して金星、火星については、たとえば、マジェランやマーズ・グローバル・サーベイヤーなど、極軌道からの探査が行われています。これらの天体についてはほぼ地表全域のデータが取られています。

人工衛星となっての探査からさらに進むと、天体の上に探査機を下ろします。ここまで探査が進んでいるのは、金星、火星、月、小惑星、それにタイタンです。この先の段階はサンプルリターンです。天体の地表のサンプルを採取して、地球にもち帰ります。この段階の探査まで行われているのは、現在お月さんだけです。最近、NASAの探査機が彗星の近くを通過して、彗星の破片を集めようとしましたが、これは失敗に終わりました。サンプル自体は採取し、地球軌道に戻ってパラシュートで落としたんですが、ヘリコプターでの回収作業がうまくいかず、サンプルが壊れてしまったんです。

火星探査

さて、ここからは実際の探査結果の話に入ります。生命探査に関係した探査結果です。まずは火星探査。なぜ火星に生命がいると思っているのか、その理由ですが、かつてこの星には海があったことが確認されているからです。先ほども述べましたが、生命の起源で今確実にいえるのはたった一つのことです。地球の生命は海との関わりなしには説明できないということ。この場合の海とは、大陸地殻があって海があるという現在の状態の海です。地球生命の材料物質はみなこのような海の中に溶け込んでいる元素を使っています。人体もバクテリアも同じです。たとえば我々が脳の中で情報処理をするとき、ナトリウムとかカルシウムを使いますが、これらの元素が海の中に多量に存在するのは、大陸地殻の形成後の海です。

そんなわけで、地球生物学から判断すると、生命の存在するであろう天体の必要条件は、海の存在する、あるいはかつて存在した天体ということになります。したがって生命探査が最終ゴールですが、火星に関してはまず海の存否をずっと調べてきました。バイキング以来、パスファインダー、グローバル・サーベイヤー、エクスプレスなどによる探査です。火星の地表は、南半球と北半球でまったく違います。重力的に火星の形状を定義すると、その高度分布も異なります。南半球が高地で、北半球は低い。もし大量の水があれば、低地の北半球に流れて溜まるはずです。探査してみると、実際に大量の水が流れたような地形（洪水河床地形）や、土砂が運ばれ堆積したような地形が存在したのです。北半球に海があったとすると、海抜0メートルに海岸線がなければなりません。そこでマーズ・グローバル・サーベイヤーで探査したところ、海岸線ではないかといわれていた付近の高度は一定で、地形的には等ポテンシャル面（重力が等しい）に近いことが判った。地球でも同じことですが、重力の等しい点を重ねて天体の形を定義します。海岸線であるとすると、等ポテンシャル面になっていなくてはいけないのです。こういったことから、やはり火星にはかつて海があったのではないかと推測されています。

このことをもっと物質科学的な側面から確かめようということで、地表に探査機を着陸させての探査が始まりました。地層の中に堆積岩層や蒸発岩があるかどうかを調べるのが目的です。堆積岩があれば、かつて水が流れて、侵食と堆積作用があったということだし、蒸発岩が見つかれば大量の水が干上がって（あるいは氷結したとしてもよい）岩石になったことが確かめられます。去年（二〇〇四年）のマーズ・エクスプロレーション・ローバー探査でオポチュニティー、スピリッツという二台のローバーが初めて「火星上で大量の水が流れたり溜まったりした」という物質的証拠を見つけました。

海の存在する地球で、地球にしか存在しない岩石として、その特異性を表す一つとしてあげられるのが堆積岩です。その堆積岩から成る地層が火星で発見されました。しかもその地層中にたくさんの豆粒のような丸い石が入っていましたが、これはヘマタイトという鉄の酸化物から成る鉱物です。この鉱物は水が大量に流れる環境下でできたと考えられる鉱物です。その形成過程をもう少し詳しく説明すると、先ほども述べたように還元的な環境下で地下の水に溶け込んだ鉄イオンが、酸化的環境になると析出し、堆積岩の隙間を埋めて沈殿する。そのため丸くなるのです。ですからこのヘマタイトの存在からも、火星の地表にはかつて大量の水が流れたり溜まったりしていた時代のあることが判るわけです。この話題にもう一つつけ加えると、アメリカのユタ州の砂漠で見つかったヘマタイトの丸い粒と火星で見つかったヘマタイトの丸い粒が瓜二つだという論文が、去年（二〇〇四年）の「ネイチャー」誌に発表されています。

ついでに海の存在を示唆する物質科学的証拠をもう一つ紹介しておきます。マーズ・エクスプロレーション・ローバーにはα線やx線を使って元素組成を調べる分析装置が積み込まれていました。その分析が行われた結果、地球でいえば蒸発岩のような組成の岩石が確認されています。専門的すぎるので詳細は省略して重要なことだけいうと、火星の地表で観測された元素組成から判断して、火星にも塩分の濃縮が起こるプロセスがあったということです。次の火星探査はいよいよ地球生物学に基づいた火星生物学の研究になりそうです。

タイタン探査

以前の講義で、地球の特性として、地球には物質循環があるという話をしました。最近我々は地球以外で初めて、物質循環の存在する天体を見つけました。それが土星の衛星、タイタンです。タイタンは太陽系衛星の中でガニメデに次いで大きな衛星で、水星と同じぐらいです。密度は一立方センチメートルあたり一・八八グラムで、岩石と氷が半々ぐらいの割合で混ざっています。

数ある太陽系天体の中でタイタンのいちばんの特徴は何かというと、大気組成の九〇％が窒素だということです。太陽系の中で唯一、地球と同じ、窒素が主成分の大気をもつ衛星です。生命の材料物質というのは元素組成としては基本的に炭素と窒素、水素、酸素が豊富にあれば作れますが、どの天体でも少ないのは窒素です。地球の場合、大気中には〇・八気圧相当の窒素がありますが、その他の元素に比べれば相対的に少ないといえます。たとえば酸素は岩石に含まれているものを大気に変えたらどのくらいの大気量になるか想像もできない量です。それと比較すると、窒素量は圧倒的に少ない。それでも〇・八気圧相当の窒素が地表付近にあるから生命の材料物質には困らなかった、というい方もできる。地球と同じように窒素がたくさんあるタイタンには、確かに有機物もいっぱい存在します。

皆さんはタイタンソリンと呼ばれる物質、知ってるかな？　タイタンはオレンジ色をしていますが、その色のもとになっている有機物です。命名者はカール・セーガン。私の研究室でも、

NASAのエームス研究所と共同でタイタンソリンを合成し、その構造を研究しています。このオレンジ色の有機物は、タイタン大気のようなガス組成下では何らかのエネルギー源、たとえば放電でも宇宙線でも簡単にできる物質です。現在カッシーニ・ホイヘンス探査の光学的なデータとつき合わせて、それが実際にどんな物質なのか、実験室で合成したものとの比較研究をしようとしているところです。

タイタンの大気は、九〇%近くを占める窒素を除くと、残りはメタンです。地表に近いところでは五%、高度が上がると大気の数%くらいをメタンが占めています。探査機が行く前から、タイタンの地表付近にはメタンの雲があり、メタンの雨が降り、それが溜まってメタンかエタンの海があるだろうと予想されていました。実際、ホイヘンスが地表に着陸して、それが確かめられました。タイタンの地表の写真は今年の初め新聞にも出ましたから皆さんも見たと思うけれど、川のような地形があったでしょう。これはメタンの雨が地表に降り、それが流れた跡ではないかと考えられています。タイタンの地表は氷から成りますから、地球でいえば岩石が、氷の破片に相当します。その破片の氷は丸くなっていました。川で運ばれると石が丸くなるように、何かしら氷を丸くするプロセスがあったことを示唆している。川のような地形もあることから、タイタンにもメタンの物質循環があるらしいことが判りました。

地表付近に物質循環がある惑星や衛星を評して、我々は「生きている」という表現をします。

図6　タイタンの大気構造

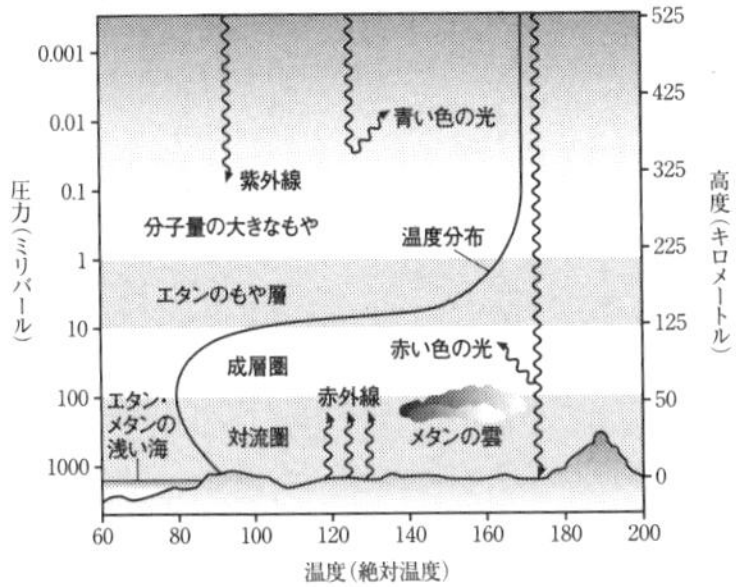

図7　タイタンの地表に残された川の跡

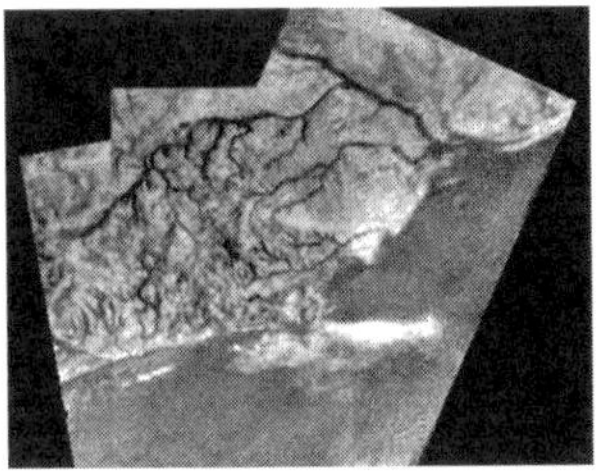

タイタンの地表付近では、メタンが蒸発し、雲をつくり、雨となって地表に降り、川となって流れる、という循環があることがわかった。　写真提供:ESA

図8　タイタンの地表

氷（地球でいえば岩石に相当）の破片が見られる。
有機物の氷がもっと厚く堆積しているのではないかと
考えられていたが、その予想ははずれた。
写真提供:ESA

地球と同じように「生きている」タイタンには、実際に有機物もいっぱいあるし、そこに生命が生まれたとしても何の不思議もありません。最初の講義で述べたように、地球上でも海底には、メタンハイドレートといって、メタンが凍りついたようなところがありますが、そこにも生命がいます。地球生物学的に考えても、タイタンに生命がいたとしても驚くには及びません。ただし、タイタンの生命は我々が地球生物学的にいうような生命とは違う可能性もあります。そのような偏見を排して頭を柔軟にして探せば、何かが見つけられるかもしれません。その意味ではタイタン探査は火星よりずっと面白そうです。

エウロパ探査

さらに、木星の衛星エウロパの探査も、生命の起源を探るという意味では重要であることが判ってきました。エウロパの密度は一立方センチメートルあたり三グラムぐらいで、タイタンと同じく、地表は氷におおわれた衛星です。しかし内部の岩石と氷の割合が違う。タイタンは岩石と氷が半々ぐらいですが、エウロパは大半が岩石で、地表から一〇〇キロメートルぐらいが氷でおおわれていると考えられている天体です。ガリレオ探査によりその地表付近の電気伝導度の分布を調べたり、地表の詳細な画像を撮影した結果、ここにも海が存在するらしいことが判りました。ただし、地表は薄く氷におおわれ、海はその下に拡がっています。

もしエウロパに海があるとすると、その海の底には熱水噴出孔みたいなものがあるはずです。エウロパの氷が溶けて海の状態になっていることは、エウロパの内部で発熱が起こり、固体の岩石部分では火山活動が起こっている可能性が高いと考えられるからです。現在の地球では、海底下でマグマが噴き出し、熱水噴出孔ができています。それと同じ状況がエウロパでも期待できる。しかも、熱水噴出孔は地球でも、生命誕生の場として有力視されている場所です。つまり生命誕生の必要条件が満たされていると考えられるのです。

二〇一二年頃にNASAがエウロパに探査機を下ろし、薄い氷の地殻を破って海の中を調べる計画を立てています。ジーモ（JIMO　ジュピター・アイシー・ムーン・オービター）という探査機で原子力推進ロケットを使い、今までなかったような巨大な探査機を打ち上げようという計画です。こういう探査を考えることは、サイエンティストとしては本当にエキサイティングなことです。

日本のアストロバイオロジー研究の現状

将来は生命探査を太陽系から銀河系まで拡げていくでしょうが、現在はまだその段階には至っていません。まず最初に考えるべきことは、我々の地球以外の、もう一つの地球を銀河系で発見することですが、それさえまだ見つかっていません。

今日話したようなテーマに関する研究分野のことをアストロバイオロジーといいます。もう一度簡単にアストロバイオロジーを紹介すると、「生命とはどのように生まれて進化したのか」「生命は宇宙にあまねく存在するか」「地球、あるいは宇宙の生命はこれからどうなるだろうか」というのが解くべき三つの基本的命題です。要は、普遍的な生物学とは何かを探るのがこの学問のゴールです。

現在アメリカには、アストロバイオロジー関連の研究拠点が一五ヶ所設けられています。予算は一ヶ所について大体一億円から二億円程度。研究者の総数は四〇〇～五〇〇人です。ヨーロッパにもアストロバイオロジー研究の推進体制があって、一七ヶ所ほどの研究所があります。

では日本はというと、まだこういう研究所はありません。現状を正直に述べれば、日本の宇宙探査で世界的な貢献をしているのは天文衛星ぐらいです。本格的な惑星探査はまだ一つとして成功していないといっていいでしょう。アストロバイオロジーは惑星科学、天文学、地球科学、生命科学といった分野の専門家たちが互いに意見交換しながら研究を進める必要がありますが、惑星探査ではまだとても欧米に太刀打ちできません。君たちの中から優秀な惑星科学者が出てこない限り、こういう日本の状況は改善されない、ということを指摘して、今日の講義は終わります。

5時間目　太陽系とは？

――比較惑星学的見地から

太陽系の構成

一九九五年まで、惑星系といえば我々は太陽系しか知りませんでした。今回はその太陽系について概略を紹介します。最初に太陽系を構成する天体について。太陽系の中心には太陽という恒星があって、これは基本的に水素とヘリウムを主成分とするガスの塊ですね。質量が大きいために内部で核融合反応が起こり、自らそのエネルギーを宇宙に放射し、輝いているので恒星といいます。

太陽の周辺を見ると、内側に地球型惑星があります。地球型惑星というのは、地球に代表されるような、平均密度の高い、岩石から成る惑星です。これが太陽に近いところから順に水星、金星、地球、火星と四つ並んでいます。その外側にあるのが、巨大ガス惑星と呼ばれる惑星で、木星と土星です。その外側に、氷惑星と呼ばれる天王星、海王星があります。いちばん外側には冥王星がありますが、この天体は実際には惑星に値する天体かどうか疑問視される（地球質量の四三〇分の一、水星質量の約二四分の一、月の約五分の一と軽い）ので、ここでは惑星としては説明しません。

惑星というのは太陽の周りを回る、自らは輝かない、ある程度以上の大きさをもつ天体のことですが、冥王星も惑星とするならば、そのような意味では最近も一〇番目の惑星（2003UB3

13）が発見されたりしています。この天体の質量は、地球の四三〇分の一から二〇分の一と推定され、冥王星より重い。昔は天王星、海王星も含めて巨大ガス惑星と呼んでいました。しかしボイジャーによる惑星探査の結果、天王星、海王星と、木星、土星とは組成も内部構造も違うことが判ってきました。中心に岩石から成るコアがある、この点は木星、土星と同じですが、その周りの、いわゆるマントルに相当する、圧倒的に質量の大きい部分が、水というか氷というか、成分としては主に水でできているということが判ってきました。マントルは高温高圧ですので、その状態が液体の水なのか氷なのかは判らないけれど、いずれにしても成分的には水が主成分の水惑星、あるいは氷惑星だということです。

これに対し巨大ガス惑星というのは、水素とヘリウムを主成分とし、太陽と似たような組成だけれど、質量が小さくて太陽になれなかった星です。太陽になれないという意味を少し説明しましょう。太陽はその質量が大きいので、中心部で水素の核融合反応が起こります。しかし、木星と土星の質量は内部で核融合反応が起こるほど大きくはない。そのために恒星ではなく惑星なのです。木星と太陽との中間に当たるような星も存在して、褐色矮星《わいせい》といいます。系外惑星系が発見され、木星と褐色矮星との違いがどこにあるのかの議論も行われています。

天王星、海王星にも水素とヘリウムはあります。しかし、それらは大気を構成する成分です。そこにメタンも含まれているので、青く見えるのです。木星、土星は茶色っぽい色をしていますが、木星、土星の大気にはメタンの他にアンモニアや水が含まれ、いろいろな色の雲を作っているからです。

それ以外の太陽系の特徴をあげると、たとえば惑星の軌道が、強く偏心した楕円《だえん》軌道ではなく、ほぼ円軌道を描いていることがわかります。軌道傾斜角はほとんど0度です。また、太陽の自転が相対的にですが非常にゆっくりしていて、惑星の公転角運動量のほうが圧倒的に大きいというのも太陽系の特徴です。

個々の太陽系天体の探査を通じて太陽系の起源と進化を探るのが、基本的には惑星科学と呼ばれる学問です。そのためにまず個々の天体の探査を行ない、それぞれの天体の特徴は何かを調べ、その天体がどのように生まれ、進化したか、それらを総合して太陽系という構造がどのように生まれたのかを考えようとしています。なお、惑星科学と同様に、比較惑星学という名称もよく使われます。内容はほとんど同じですが、地球との比較により重点を置くのが比較惑星学です。太陽系の起源については、七回目の講義で詳しく紹介することにしているので、今回は地球と他の惑星とを比べる比較惑星学的な話を中心に進めます。

太陽系の材料物質

まず、太陽系の材料物質、すなわち太陽系を作っている元素組成について紹介します。当たり前の話ですが、太陽系で圧倒的に質量が大きいのは太陽です。したがって太陽の元素組成が太陽系の元素組成です。また銀河系にある星は太陽のような質量の星がほとんどなので、太陽の元素組成を決めれば銀河系の元素組成もある程度判ります。銀河系みたいな星の集団である銀河が、宇宙には何千億もあることを考えると、太陽の元素組成が決まれば宇宙の元素存在度も推定できるというわけです。

では太陽の元素存在度を推定してみましょう。これにはじつは二つの情報源があります。一つは太陽の大気です。太陽から光が放射されていますが、それを分光学的に観測すると、どの波長のところでどのくらいの吸収があるとかというようなデータが得られる。その分光データから、太陽大気の中に水素、ヘリウム、リチウム、ベリリウムなどの元素がどのくらい含まれているかが推測できます。

一方で当然のことながら、分光学的な観測ではその量を推定できない元素もあります。これをどう決めるか。我々は太陽大気以外にも、太陽系物質を広く代表するような情報源を手にしています。何かというと、隕石です。隕石の元素組成を分析することで、別の意味での太陽系の材料物質が判ります。隕石といってもいろいろな種類があります。その中にその元素組成が太陽大気の分光観測から得られるものと非常によく一致する隕石があります。この両者の元素組成を比べると、ほとんど一対一に対応しています（88ページ図9参照）。そこで、どちらか

図9　太陽大気と炭素質コンドライトの元素組成の比較

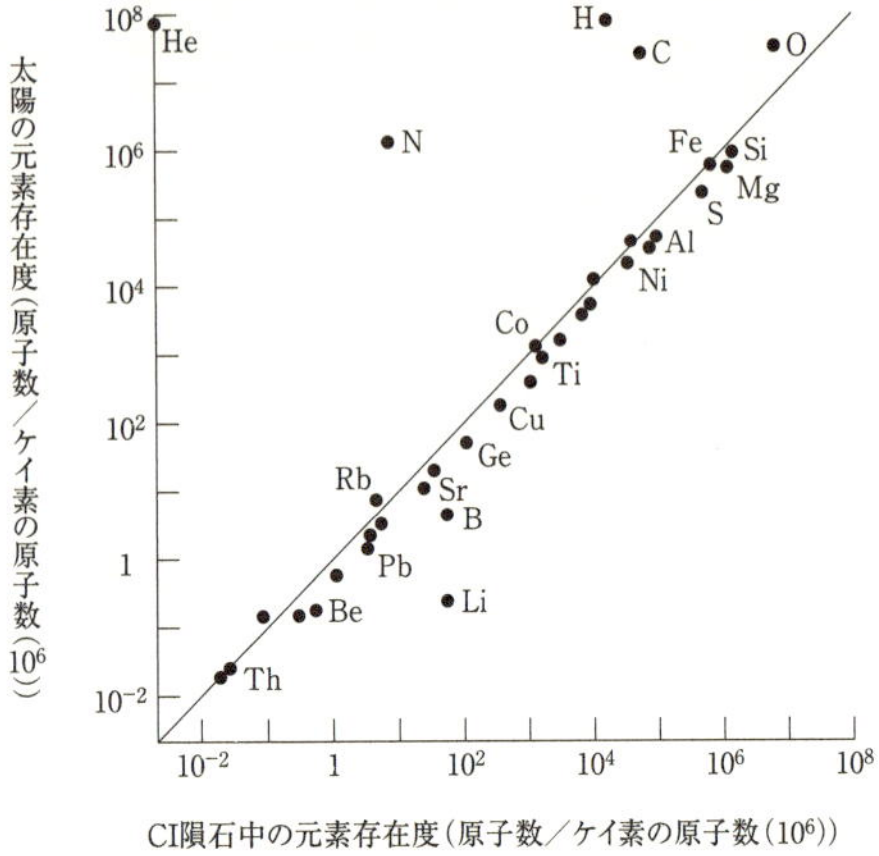

一方に著しく欠如しているものがあったら、それをもう一方のデータから補正してやると、全体として太陽系の元素組成が推定できます。

太陽大気の分光観測とある種の隕石の分析を通じて太陽系の元素組成を推定すると、地球型惑星、巨大ガス惑星、氷惑星、そして太陽みたいな恒星、という太陽系の構成がよく理解できます。元素組成としては、水素とヘリウムといった元素がおよそ九八％、炭素、窒素、酸素といった蒸発しやすい元素がだいたい一・五％、珪素、マグネシウム、鉄など、いわゆる岩石を作るような元素が〇・五％です。こういう元素組成のガスを冷やすと物質として何が生まれるかは、理論的に推定できます。水素とヘリウムは、太陽系という環境下ではガス以外の状態はとれません。あとの元素はそれぞれ化合して、最終的には岩石と氷になります。したがって太陽系の材料物質というのは、ガスと岩石と氷、この三つということになります。

岩石の中には金属（鉄・ニッケル合金）も含まれます。しかし、氷に比べれば岩石はその量が桁違いに少ない。岩石惑星が小さいのはこのためです。それがなぜ内側にあるかというと、太陽に近いほど温度が高いからです。岩石を作る鉱物は、温度がたとえば千数百℃ぐらいで凝縮します。一方、水は数百℃以下です。したがって岩石惑星は温度が高い内側にあり、氷惑星は外側にあります。氷は量が多いので、氷と岩石から成る大きな原始惑星が形成され、その重力のため、周囲のガスが捕獲され、巨大ガス惑星が生まれます。氷惑星は、その軌道が太陽から遠いため、原始惑星の形成に時間がかかります。その間に周囲の水素、ヘリウムから成るガスが散逸してしまうため、巨大ガス惑星のようには大量のガスを集められなかったと考えられています。

ということで、太陽系の材料物質の量と分布だけ考えても、太陽系の構造がなぜそうなっているのかが理解できるわけです。しかし、逆にそれが「惑星系は太陽系が一般的なのだ」という常識になっていました。それを基準にして他の惑星系を一生懸命探していたので見つからなかった、という皮肉な結果をもたらしたのです。これにはその後劇的な展開があって、ある日太陽系以外の惑星系が突然見つかったのですが、この話題は系外惑星系の講義でゆっくり話します。ともかく系外惑星系が発見されるまでは、ここで紹介したような話からも判るように、太陽系の構造とその起源に関しては、ある程度論理的整合性があったのです。

隕石

隕石について、もう少し詳しく説明します。というのは、太陽系の起源を考えるうえで、隕石という物質が非常に重要だからです。隕石はいろいろな種類があり、その分類にもいろいろな分け方があります。一つは組成に基づく分け方です。この分け方にしたがうと、まず鉄・ニッケル合金から成る鉄隕石。これはほとんど鉄・ニッケル合金でできています。それから岩石と鉄・ニッケル合金が半々の石鉄隕石。そして、ほとんどが岩石からできている石質隕石です。

別の分類の仕方もあります。隕石が融けたことがあるのかないのか、という基準に基づく分類です。つまり分化した隕石（融けたことがある隕石）と未分化の隕石に分ける方法です。未分化の隕石には、コンドリュールといわれる小さい（センチメートル以下）丸い粒が入っています。ガラス玉のようなものだと思ってください。大きいもので一センチメートル、普通は数ミリメートル以下の大きさです。このコンドリュールを含む隕石というのは、その形成以来融けたことがありません。なぜ判るかといえば、融けてしまえばコンドリュールのような構造は残らないからです。

コンドリュールを含む隕石のことをコンドライトといいます。コンドリュールが含まれていない隕石のことをエコンドライトといいます。コンドライトもエコンドライトも石質隕石です。鉄隕石と石鉄隕石には、コンドリュールは入っていません。分化と未分化で分けると、分化した隕石の中にエコンドライトと呼ばれる石質隕石、鉄隕石、石鉄隕石があり、未分化の隕石はコンドライトと呼ばれる石質隕石のみです。

これらの隕石を調べると、その隕石がいつ頃できたかという年代が決められます。年代が決まれば、太陽系星雲ガスから隕石という物質がどのようにしていつ生まれたのか、という議論ができます。我々が手にしている隕石の中でいちばん古いものは、一九六九年メキシコ北部のアエンデ村に落下したアエンデ隕石です。これはコンドライトですが、コンドライトもさらに細かくいくつかの種類に分類でき、アエンデ隕石は炭素質コンドライトと呼ばれる隕石の一種です。このアエンデ隕石にはコンドリュール以外にCAIと呼ばれる白色の包有物が含まれています。この白色包有物を調べた結果、太陽系で最古の年代をもつことが判りました。形成年代でいうと、四五億六六〇〇万年ぐらい前です。太陽系の起源を論じるとき、ある瞬間を始まりのときとしますが、じつはこの白色包有物の形成年代をその始まりのとき（t＝0）としています。隕石、あるいは月、地球がいつ生まれたかを議論するとき、すべてはこの年代を基準に用いていています。今から何年前、といういい方をしてもその数値があまりにも大きいので、t

＝0から一〇万年後、一〇〇万年後に何が起こったかというい方をします。このときを太陽系年代の元年として、いい表しているわけです。

月の地殻

次に、個々の太陽系天体について簡単に紹介しましょう。最初は月です。この天体についても詳細に説明すると一年間の講義になってしまうので、ここで紹介するのは地球と比べたとき、お月さんの何が重要なのかという点に注目して話します。

地球の普遍性、あるいは特異性に絡んで、月探査の結果で明らかにされた重要なことは地殻に関することです。地殻がどのようにして生まれるのか、アポロ計画による月探査によって初めてその事実が明らかにされました。月には「海」と呼ばれるところと、「高地」と呼ばれるところがありますね。これらの地域を構成する岩石が明らかになりました。海は玄武岩、高地は斜長岩と呼ばれる岩石でできていました。詳細は省略しますが、大きく分けると玄武岩と斜長岩です。

また、アポロ計画では地震計を設置して月の地震活動を調べました。その結果、月にも地震が起こっていることが判りました。その地震波の解析から、月の内部構造、たとえば地殻の厚さが推定されています。月の表側と裏側では、その厚さが異なります。表側は薄く、六〇キロメートルぐらい、裏側は八〇キロメートルぐらいあります。

斜長岩は高地を代表する物質で、それはまた、裏側を代表する物質でもあります。この岩石が月の地殻を構成する岩石です。玄武岩は海を代表する物質です。それは表側の地殻に数多く残された巨大クレーター（海）の底を埋める岩石でもあります。月の岩石の化学組成や、その成因に関する岩石学的分析、地殻やマントルの構造などのデータを全部つなぎ合わせて、斜長岩の地殻はどのように形成されるのかということが判りました。

お月さんの岩石のうちもっとも古いものは、今からだいたい四五億年ぐらい前のものです。太陽系の時間の原点であるt＝0から測ると、五〇〇〇万年ぐらいしか経っていません。この古い岩石を分析することによって、月が誕生したときに何が起こったか、ということが推定できるわけです。

月の科学というのは、地球との比較でいえば、このように地殻の形成過程の理解がメインテーマでしたが、それ以外にも、月のクレーターが天体衝突によって形成されたということも確認されました。この二つが月探査の科学的成果としては非常に重要です。その結果解明されたことは、その後の惑星科学の基礎になっています。

マグマオーシャン

月の地殻の形成過程について、もう少し詳しく述べておきます。月が誕生したとき、表面三〇〇キロメートルぐらいまで岩石がどろどろに融けていました。マグマの海（マグマオーシャン）と呼ばれます。これが冷えるとどんなことが起こるのか、月面で採集された岩石の岩石学的、化学的研究から、そのことが判ります。どろどろに融けたマグマが冷えると、種々の鉱物が順に結晶化し、最終的に結晶化したものが地殻を構成する岩石の主要鉱物、斜長石です。

このマグマの海の冷却過程、別の言葉でいえば結晶化過程ですが、それを非常に簡単化していうと、最初にカンラン石という鉱物が析出します。カンラン石というのはMg_2SiO_4です。MgOとSiO_2という酸化物が二対一に混じったものです。カンラン石は、マグマの海に比べて重いので沈みます。ですから、カンラン石から成る岩石の層が、いちばん下に溜まり、層を成します。次に析出するのが輝石という鉱物（$MgSiO_3$）です。カンラン石はMgOが二に対してSiO_2は一という割合ですが、輝石はMgOとSiO_2が一対一の割合の鉱物です。輝石のほうがMgOの割合が少なく、これもマグマの海より重いので沈みます。

そのあとに出てくるのが斜長石です。最初にカンラン石、ついで輝石が落ち、途中はもちろんカンラン石と輝石が混合して析出します。これらの鉱物を主とする岩石層が、二〇〇キロメートルぐらいの厚さで下に溜まります。マグマの海が残り一〇〇キロメートルぐらいの厚さになってくると、斜長石が析出してくる。マグマオーシャンには最初MgOがいっぱいあったのですが、カンラン石や輝石の析出にともなってだんだんMgOが減ってきます。その結果マグマの海にはFeOという鉄の酸化物が濃集してきます。その結果、斜長石のほうがマグマの液より軽くなって浮かび上がります。こうして斜長岩から成る地殻が作られたのです。

斜長岩の地殻が生まれ、下層にカンラン石と輝石から成る岩石層があって、その間に融けたものがサンドウィッチのように残ります。このサンドウィッチされた層が、その後火成活動などを経て、融けて地表に出てくると、これが玄武岩になります。ということで、月の火成活動の時代変化がどんなものか、ある程度理解されたのです。この考えをもとに「地球の地殻やマントルがどのように誕生したのか」ということが考えられています。いちばん重要なことは、マグマオーシャンという概念です。惑星や衛星の形成時にはマグマオーシャンが形成されると考えられます。その冷却過程でどんな鉱物がどういう順序で析出し、どのように岩石層が生まれるのか、それがそれぞれの天体でどのように異なるのか？　それぞれの天体で、地殻、マントル、コアの分化過程が、このように推定できるようになったということが、大きな成果なのです。これが月の科学のエッセンスといえます。

金星の「プリュームテクトニクス」

続いて金星探査の結果を紹介します。この星は地球と双子星といわれるほど、その平均密度や大きさが似ています。では何が違うか、それを地球の普遍性、特異性に着目していうと、テクトニクスです。地球にはプレートテクトニクスというプレートの運動がありますが、金星にはこれがありません。代わりに金星では、プリュームテクトニクスと呼ばれる運動が起こっていると推測されます。この問題を徹底的に調べたのが、マジェラン探査です。

　プリュームテクトニクスとは何かというと、熱くて、したがって周囲よりは軽いマントル物質がスポット的に上がってくる運動のことです。地球の場合はプレートが沈み込むという運動ですが、金星はマントル物質が局所的に上昇するので、地形もそれにともなうものが多く見られます。特に有名なのは、金星だけにしか見られない地形としてのコロナです。環状に盛り上が

図10　金星のコロナ

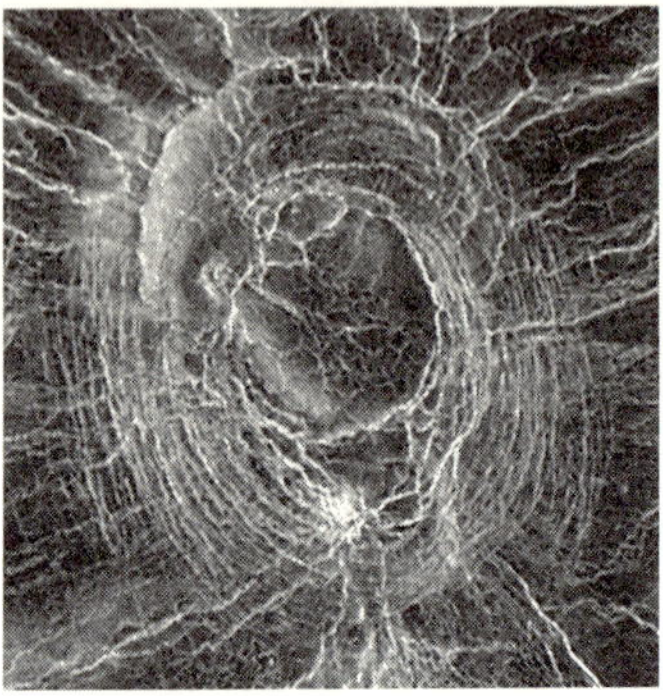

金星にしか見られないコロナという地形。
マントル内のプリューム（上昇流）によって
形成されると考えられている。
写真提供:NASA

った地形で、溝と峰とがその周囲を取り囲んでいます(図10)。これはプリュームテクトニクスによってもち上げられた地形が、その後マントル物質が冷え沈むことによって生まれた地形と考えられています。金星に関しては、大気の問題と地球とのテクトニクスの違いが重要問題です。

火星の地表環境

前回の講義でも紹介したように、火星は地球ときわめてよく似ている天体です。火星の地表には水の流れた跡が残されていて、かつて海があったかもしれないなど、環境としての類似点が多い。火星の科学で特に重要なのは、したがって地表環境の進化に関わる問題です。現在の火星は寒冷で乾燥した気候です。しかし何十億年か前は温暖で湿潤な気候だった。こういう環境変化がなぜ起こったのか? 火星は地球の半分くらいの大きさしかありません。大気を地球のようにそのまま保持することができません。したがって昔の火星と今の火星とでは、大気の組成や量が違うことが考えられます。昔は今よりもっと濃い二酸化炭素の大気があって、これが温室効果をもたらしますから、かつての火星は温暖で湿潤な環境だったと考えられています。

ところが重力が小さいために、二酸化炭素が逃げてしまった。大気の逃げるメカニズムとしては、天体の衝突が考えられています。火星ができてから六億年ぐらいは、地球や月と同様、非常に激しい天体衝突が続いたと考えられます。初期には大量にあった大気がこの衝突によって失われ、今のような環境になってしまったのではないかと考えられています。

ときどき、大規模な火成活動が突発的に起きたりもします。すると凍りついていた二酸化炭素（ドライアイス）が気化して出てきて、一時的に濃い大気を作ったりします。するとその温室効果で地表温度が上がり、地表の氷が溶けて海ができたりする。火星の地表環境はこのような気候変動をくり返すと考えられますが、この環境変動が地球との比較で重要な問題です。

小惑星と彗星

小惑星とか彗星などの小天体についても、探査がいろいろ進んでいます。なぜこうした小天体の探査が必要かといえば、小惑星や彗星は、微惑星と呼ばれる惑星の材料物質と考えられる小さな天体の生き残りではないかと考えられているからです。つまり小惑星とか彗星を調べると、微惑星とは何ぞや、あるいは微惑星の中で分化がどのように起こるか、などについての答えが得られます。それは惑星の材料物質や形成過程を考えるうえで重要な情報になるのです。

たとえば地球から二天文単位以上離れた軌道付近にベスタという小惑星があります。月や火星よりずっと遠い距離、しかも直径五〇〇キロメートルくらいの小さな天体ですが、それにもかかわらず、ベスタの内部構造は比較的よく推定されています。というのは、ベスタから飛んできた隕石が効率よく採集されているからです。ベスタは地球の二〇分の一くらいの大きさの小天体ですが、地球と同じくコアとマントルと地殻に分かれています。その地殻やマントルから飛来した隕石と、平均密度から、内部構造が推定されるのです。ですからベスタのような天体を調べることで、我々がまだよく理解していないコアとマントルと地殻の分離過程を調べることができるわけです。

小惑星と彗星の違いは何かというと、岩石を主としたような天体が小惑星、氷と塵《ちり》を主体にしたような天体が彗星だと思っていいでしょう。もっとも氷が蒸発して、干上がってしまったような彗星は、小惑星と変わりありません。その軌道もまったく異なります。彗星については、その公転周期で二つに分けられます。二〇〇年より長いものは長周期彗星、それより短いものは短周期彗星と呼ばれ、それぞれ形成された場所が違うと考えられています。

長周期彗星に関しては、オールト雲と呼ばれる、太陽から一万天文単位以上離れたところに、その供給源があると考えられています。一方、短周期彗星はどこかというと、冥王星の軌道の外側、その付近にはカイパー・エッジワース天体と呼ばれる天体が分布していますが、その辺りだと考えられています。それぞれの領域に分布する氷から成る小天体が、何らかの理由で太陽近傍に落ちてくると彗星になる。オールト雲も、太陽系が生まれた頃、氷微惑星が何かの理由で飛ばされて遠くにいったものと考えられています。

コア、マントル、地殻の分離過程

先ほど、ベスタが分化していることを紹介しましたが、分化に関してもう少し述べておきます。地球のコア、マントル、地殻の分離過程については、二つの大きな考え方があります。一つはトップダウンとでもいえる考え方です。地球という天体として一様に集まった物質から、重い鉄・ニッケル合金が分離し、沈んでコアができ、軽いものが浮かび上がって地殻になり、残ったものがマントルになった、という考え方です。もう一つはボトムアップとでも呼べる考え方です。最初に鉄・ニッケル合金が集まってコアになり、その上にマントル物質が集まり、マントルから地殻が作られたという考え方です。

現在、どちらの考え方がもっともらしいと思われているかというと、トップダウンのほうです。ボトムアップ説は評判がよくありません。その理由は、鉄・ニッケル合金みたいな物質が最初からあって、それが選択的に集まるというのは考えにくいということです。太陽系惑星ガスでの凝縮のプロセスとして、ガスから鉱物粒子が次々析出してくるとき、最初の頃に生まれるのは確かに鉄・ニッケル合金ですが、凝縮したものが瞬時に集まらなくてはいけない。鉄・ニッケル合金だけが瞬時に集まることは考えづらいということです。

ただ、微惑星が衝突をくり返しているうちに鉄・ニッケル合金だけ先に集まっていくことは十分考えられます。たとえば、微惑星が分化すれば、中心に鉄・ニッケル合金の塊ができ、それらが選択的に集まることは可能です。しかし、そのアイデアの詳細はまだ調べられていません。現状では、一般的には、トップダウンによってコアが生まれた、と考えられています。

巨大ガス惑星の内部構造など

次に巨大ガス惑星ですが、その内部構造についていうと、中心に鉄・ニッケル合金と岩石から成るコアがあって、その周りを水素、ヘリウムがおおっています。たとえば木星は、質量的には地球の一〇〇〇倍近くあります。ですから太陽系を遠くから観測すると、二つの巨大ガス惑星から成る惑星系としか見えません。太陽の周りを木星と土星が回っている惑星系ということです。巨大ガス惑星がどのようにして生まれたのか、その詳細は太陽系起源論の講義でします。

地球は水惑星と呼ばれています。しかし、組成的に水が多いかというとそうではありません。海の質量は、地球質量の六〇〇〇分の一ぐらいしかありません。地球の場合、表面を大量の液体の水がおおっているということが特徴で、水惑星と呼ばれている。組成的に水惑星といったら、むしろ氷が五〇％近くを占める天王星、海王星です。

天王星、海王星は青く見えますが、この理由は判りますか？　天王星、海王星の大気は、水素、ヘリウムが主成分です。しかし、そこに第三の成分としてメタンが含まれているからです。

メタンというのはそれ以外の色の光を吸収して、青っぽく見せるのです。木星と土星の大気にもメタンは含まれていますが、この二つの天体にはそれに加えてアンモニアとか硫黄とか水が含まれています。それらが反応してさまざまな色の雲ができ、したがって多様な色に彩られて見えるのです。天王星、海王星にはアンモニアがありません。なぜか？　その理由はマントルが水だからです。アンモニアは水に溶け込むので、大気中から失われたと考えられています。

氷衛星の組成

最後に、地球との関連で注目される氷衛星について紹介します。木星の、特に大きな衛星として、イオ、エウロパ、ガニメデ、カリストという衛星があります。これらは、ガリレオが発見したので、ガリレオ衛星と呼ばれます。イオを除くと、いずれの衛星も表面が氷でおおわれています。そこで、氷衛星と呼ばれます。イオは特殊です。かつては氷におおわれていたかもしれませんが、氷はすべて蒸発して無くなり、今は岩石のみから成る衛星です。そこに珪酸塩マグマや硫黄の噴火活動がある。珪酸塩マグマの噴出はガリレオ探査機の探査によって確認されました。ボイジャーによる探査の結果、硫黄の火山活動が発見されたのですが、ガリレオ探査の結果、硫黄だけではなく珪酸塩マグマの噴出もあることが判り、まさに地球で起きているような火山活動が起きていることが判りました。

イオは今も火成活動を行っています。しかし、これとほぼ同じ大きさの月は三〇億年も前に、すでに火成活動を停止しています。その理由は、イオには潮汐加熱という発熱のメカニズムがあるからです。衛星は惑星の周りを回り、惑星は恒星の周りを回っているわけですが、中心天体に面した側と逆側とでは、当然中心天体からの引力が違いますね。距離が違うからです。衛星の中心に作用する、中心天体からの引力をゼロにするように、すなわち、面した側と逆側とでそれぞれの引力から中心での引力分を差し引くと、残った分は、外側に引っ張るような力が働くことが判ります。これが潮汐力です。潮汐力が働いているとき、その軌道が完全に円軌道なら何事もありませんが、少しでも偏心していると近づいたり遠ざかったりします。その結果変形効果が軌道上の場所で異なり、衛星を押しつぶしたり、引き延ばしたりがくり返されます。このような変形をくり返すと物体が熱をもってくるのは、経験したことがあると思います。その結果、天体の温度が上がっていきます。これが、イオという衛星の火成活動を今も継続させている原因です。

同じことはエウロパでも起こっています。エウロパはイオの外側を回っている衛星です。この天体には今も海があることが発見され、注目を集めていることは、前回話しました。なぜ海があるのか、そのときは話しませんでしたが、この潮汐力によって内部が発熱しているためです。

また、タイタンは地球と大気の組成が似ていること、有機物（タイタンソリン）があること、地表付近にメタンの循環があることを前回の講義で紹介しました。

ガニメデには地球と同じように強い磁場があります。この意味でガニメデも面白い天体です。しかし時間がなくなりましたので、ガニメデの磁場の話は省略します。以上、地球の特異性、普遍性に絡めて太陽系の話を紹介しました。

6時間目　もう一つの地球はあるか

——地球とはどんな星か

銀河系スケールで地球を探す

今日は「もう一つの地球はあるか」というテーマの講義です。太陽系、あるいは銀河系という空間スケールで、地球と似た星があるかどうかについての、理解の現状について述べます。太陽系スケールでも、前回の講義で説明したように、火星やタイタン、エウロパなど、地球の特異性、すなわち海をもつという地表環境、あるいは地表付近に物質循環があるというようなことですが、それと似ている条件をもつ天体はあります。しかし、地球とまったく同じ天体はない。このことは、はっきりしています。では銀河系というスケールではどうかというと、ここでも地球と同じような惑星はまだ見つかっていません。ただし、銀河系では毎月何個かずつ、新しい系外惑星系が発見されています。系外惑星系というのは太陽系以外の惑星系という意味ですが、これまで発見されている例は、基本的に一つ、ないしは複数の巨大ガス惑星で構成されています。

ここで巨大ガス惑星の成り立ちについてほんの少し触れておきます。太陽系の巨大ガス惑星、つまり木星と土星は、太陽から五天文単位ぐらいの位置で形成され、以来ずっとその軌道上に留まっています。太陽系という惑星系しか知らなかったときには、我々はある物理的な必然性があるためこうなったと考えていました。ところが従来の太陽系起源論には、この点に関して一つ問題が指摘されていました。巨大ガス惑星は、その形成後、周囲に存在するガスとの相互作用で太陽へ落ち込み、飲み込まれてしまうという問題です。これを惑星の落下問題といいます。

発見された系外惑星系を見ると、巨大ガス惑星は太陽系のそれより、ずっと太陽に近いところに存在します。惑星の落下問題を考えると、じつはこちらのほうがかえって都合がいい。ガスとの相互作用で内側に落ちていき、太陽に近いところで何かのメカニズムが作用して落下運動が止まったと考えればいいからです。巨大ガス惑星の形成過程については、次回の「太陽系起源論」とその次の「系外惑星系」の講義で詳しく説明しますが、惑星系の形成に関しては、太陽系よりむしろ系外惑星系のほうが理解しやすいかもしれません。

もしそうであれば、太陽系のような惑星系は稀にしか生まれないことになります。といってもその確率はゼロではありません。二〇％くらいという推定もあります。ですから銀河系スケールで地球を探すというのは、そう荒唐無稽なことでもないのです。将来、地球と同じ天体が発見される可能性はあるでしょう。実際ＮＡＳＡもＥＳＡ（欧州宇宙機関）も、地上からよりはずっと精度の高い方法で探査できる探査機を打ち上げて、あと一〇年くらいのうちにもう一つの地球を見つけようと計画しています。

さて、ここまで「もう一つの地球」と述べてきましたが、そもそも地球とはどんな天体なの

図11　地球とその周辺の空間

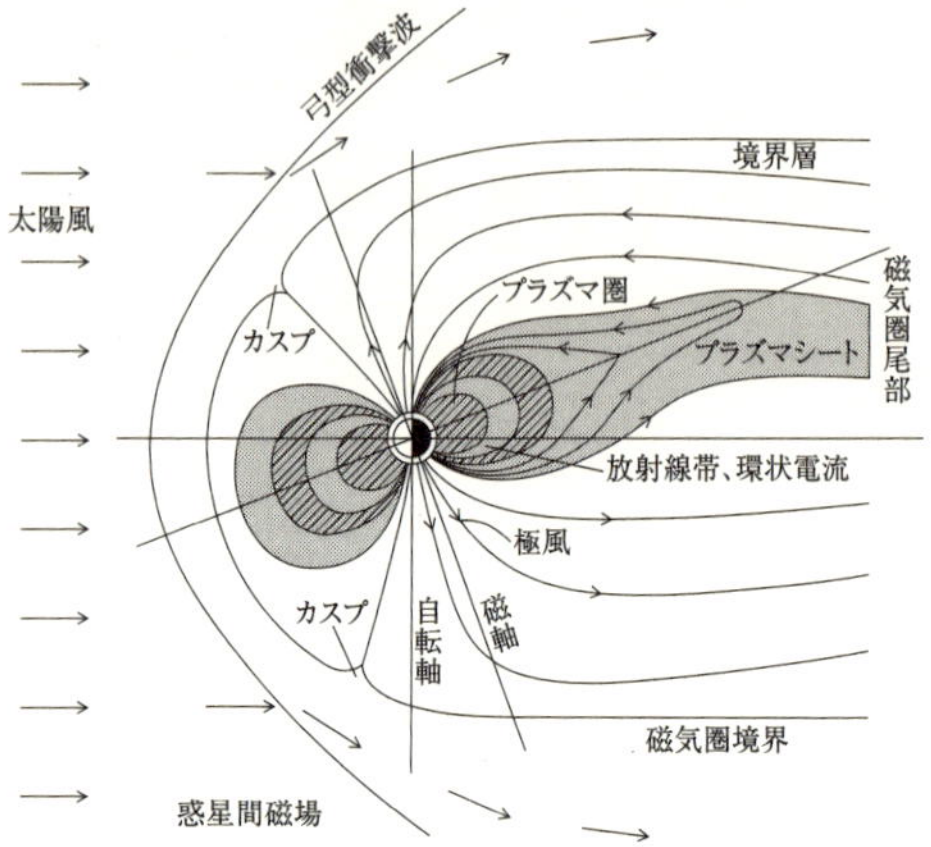

か、現在の地球について簡単に紹介します。

地球の勢力圏

図11は地球とその周辺の空間を表したものです。天体というのはそれぞれの重力がありますから、物質に関して重力的に閉じた空間が定義できます。地球の場合、そのような重力的な勢力圏の内側に、実質的な勢力圏があります。それが磁気圏です。地球の中心では磁場が生成されています。その周囲はそこからの磁力線でおおわれています。その地球固有の磁場領域の外側に、太陽風と呼ばれる電離したガスの流れる、太陽からの磁場が卓越した領域があります。地球の勢力圏という場合、実質的にはこの二つの磁場境界の内側を意味するのが普通です。図にバウ型衝撃波という弓形の衝撃波面が描いてあ

りますが、この波面より内側がそれに当たります。

そのことをもう少し詳しく説明しておきます。地球の外側には惑星間空間がありますが、そこは太陽から吹き出す電離したガス（太陽風）が物質としては満ちている空間です。その中に地球重力が太陽重力より卓越する領域があって、それはヒル圏と呼ばれています。これが地球半径の二三六倍ぐらいの大きさです。さらに地球半径の四一倍ぐらいのところに、地球の引力が太陽引力より大きくなる領域があり、その領域を重力圏と呼びます。この重力圏の内側に、地球磁場が卓越している磁気圏があるわけです。太陽風の流れてくる上流側、すなわち太陽に面した側を昼側、下流側を夜側といいますが、昼側の磁場が地球半径のおよそ一〇倍。磁気圏は下流側に開いているので、夜側は一〇〇〇倍ぐらいまで延びています。

磁気圏より内側には、プラズマ圏と電離圏があります。地球の大気は中性で、上空にいくほど薄くなって、太陽風や宇宙線との相互作用で電離するため、こういう電離したガスから成る層ができています。プラズマ圏がだいたい地球表層から一〇〇〇キロメートル以上の上空、電離圏がその下から一〇〇キロメートルくらいの高度までです。

電離圏の下は、中性ガスから成るいわゆる大気圏です。大気圏の上部では大気が希薄ですから、それぞれの分子が熱運動をしています。この運動の速度は、ある高度の地球重力より大きいので、それより上ではガスが逃げていきます。その境界を外圏（エクソスフィア）といいます。

大気圏と大気大循環

太陽の場合は、大量の大気が流れ出して太陽風になるメカニズムがあるわけですが、地球にはそういうメカニズムがないので、地球大気は大量に流出することはありません。大気の散逸は単純に重力と熱運動で決まっています。外圏が大気圏の上限になっているわけです。大気圏の構造は地球の重力によって決まっています。具体的には静水圧平衡になっています。その構造を表す指標としてスケールハイトと呼ばれる量があります。それは圧力が1／eで落ちていく、その特徴的な高さとして定義されます。

大気圏は、さらに細かく分けられます。その温度構造で分けると、下から順に対流圏、成層圏、中間圏、熱圏。力学的な意味で分けると、下層大気、中層大気、上層大気です。我々にいちばん関わりがあるのは下層大気ですね。下層大気というのは対流圏、つまりそこで対流運動が起こっている領域で、地表から上空一〇キロメートルぐらいまでです。対流運動が起こるということは、その温度勾配が断熱温度勾配にほぼ近いということですね。大気が乾燥していれば、一キロメートルで一〇℃ぐらい温度が下がっていく。大気が水蒸気で飽和していると一キロメートルで五℃ぐらい。現実には多少の水蒸気が含まれますから、一キロメートルで六℃ち

図12　大気の大循環

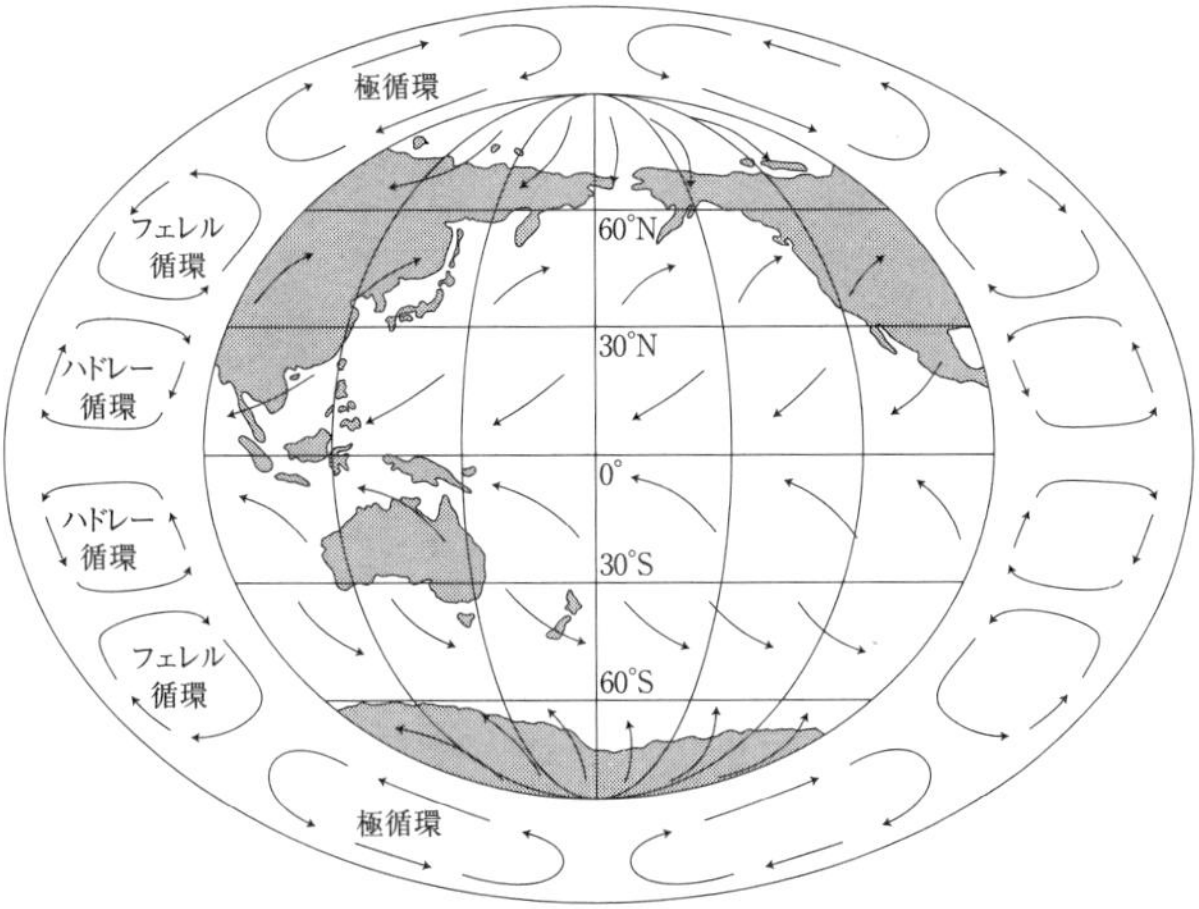

ょっと下がるぐらいの温度勾配になっています。

水蒸気の量は季節によって変わりますが、それ以外の成分はわりと均質です。対流によって攪拌《かくはん》されますから、組成的には均質になっています。

大気は運動しています。いちばん重要な大気運動は、大気大循環という地球規模の大気の流れです。この運動が何で決まっているかといえば、赤道域と極域の温度差と、地球の自転の二つによってです。基本的には、赤道域と極域の温度差を解消するように、大気が動きます。そこに自転による運動が絡んでくるので多少ねじ曲がって、低緯度、中緯度、極域でそれぞれ特徴的な循環運動が形成されます。

低緯度付近を見ると、赤道で暖まった空気が上昇し、極方向に向かい、途中で降下する。こ

図13　海洋大循環

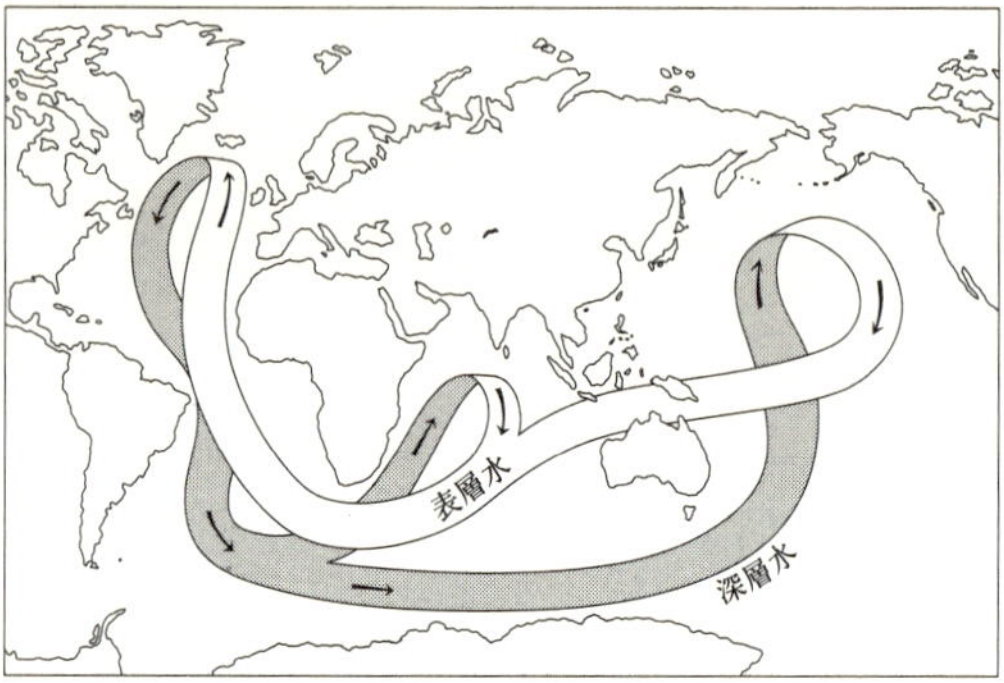

グリーンランド沖で表層水が沈み込んでいる。

の循環は、ハドレー循環と呼ばれています。中緯度の循環はハドレー循環と逆の動きになりますが、これはフェレル循環。極はまたハドレー循環と同じ向きの極循環になっています。赤道上は角運動量がいちばん大きいので、そこから大量の空気が極方向に上がっていけば、当然右側にずれます。それで図12のような流れになるわけですね。中層大気ではまた違った動きをしますが、今回の講義ではとりあえず、対流圏での風の流れだけに留めます。

海洋大循環

大気の下の地表は、海と大陸におおわれています。海は地表面積の約七〇％を占めていて、平均深度はおよそ三・八キロメートルです。海水には微量の塩分が含まれていますが、この塩分は大陸で侵食された物質が海に流れ込んだものです。地球は一つのシステムで、地表付近を二酸化炭素が循環している、と前に話しましたが、二酸化炭素を含んだ雨が地表に降り、大陸を侵食して海に流れていくわけです。海水の塩分は、だいたい三・五％ぐらいです。

海にも垂直方向の構造があり、二層構造になっています。海面から約二〇〇メートルまでの深さの表層と、それより深い深層の二層です。これは海の温度構造の違いを反映しています。また、大気と同じように海の中にも大規模な運動があります。どういう運動かというと、グリーンランドの沖合で、海水が沈み込みます。それが南極付近で二つに分かれ、一つは赤道のほうへ流れて上昇し、片方はオーストラリアを経由して太平洋で上昇してくる。一周約二〇〇〇年というくらいの循環運動です。

なぜこういう大循環が起きるのか。大気の大循環は赤道と極で入射太陽光量が違うことから生じていますが、海洋大循環は塩分濃度や風にも関係しています。それらが複雑に絡んでくるので、海の場合は大気ほど単純ではありません。たとえば大気の場合、地表で暖められた空気が浮力を得て上昇する熱対流ですが、海の場合は塩分濃度の違いにより、濃いものは沈むというふうに（これを組成対流といいます）、熱対流以外の要素の対流が加わってくるからです。

海の水素イオン濃度

海に関する化学的な話をしておきます。そのなかで一つ取り上げて説明するとすればpH、水素イオン濃度です。pHは海水中にあるさまざまなイオンの存在量で決まりますが、特に重要なのが炭酸塩関係のイオンです。重炭酸イオンが水素イオンと反応して炭酸になるという反応が基本ですが、海水中にあるすべての正イオンと負イオンが関係しています。正イオン、つまり陽イオンはナトリウム、カリウムといったアルカリ金属と関連していて、陽イオンの量をアルカリ度といいます。このアルカリ度と炭酸、重炭酸イオンの量の相互作用の結果として、現在の海水はpHが七・八から八・四程度に落ち着いているのです。

大気と海の進化を考えるときには、それぞれの時代ごとの海のpHを計算する必要がありますが、これは容易ではありません。我々のグループはかつてそのような計算をしましたが、極めて単純なモデルに基づいた程度の計算段階です。海の化学に関しては、生物が関与した物質も絡んできます。たとえばカンブリア紀に何らかの理由で生物が異常に増えたりしますが、そのためにはリンのような元素が大量に供給されなければなりません。それがなぜなのか、実際のところはまだよく判っていません。

海水の元素組成は、生命の起源にも深く関係しています。以前の講義でも紹介しましたが、

図14　地球の地震波線と走時曲線

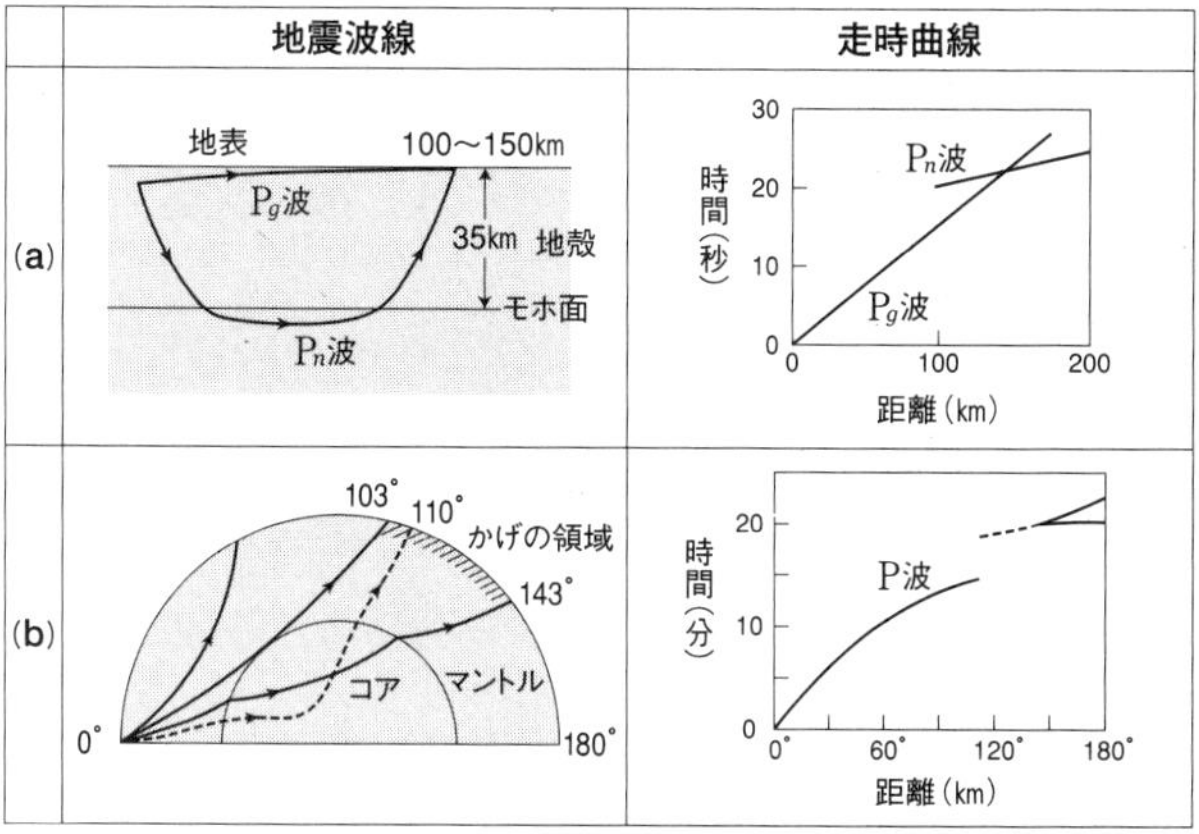

地震波線と走時曲線。(a)地殻内について、(b)地球内部について

我々を始め地球上にいる生物の構成元素はほとんど同じで、それは海の元素組成ときわめて似ています。ですから地球生命が生まれたのは、海の中でしかも海の塩分が今と同じメカニズムで決まるような状態になって以降、ということになります。

地球の固体部分を探る

次に地球の固体部分の構造を紹介します。といっても固体部分は大気や海と異なり、直接見ることができません。地震波や重力、地磁気、地殻熱流量、こういった物理量を使って推定します。いちばん有力なのが地震波を用いる方法です。地震波にはP波とS波、それに表面波の三種類の波がありますが、それらの解析から内部構造を推定します。地震波の波長は地球の半径に比べるとずっと短いので、光と同じように考えることができます。そこでスネルの法則が使えます。その法則に基づいて得られるいちばん重要な情報は、走時曲線です。走時曲線というのは、地震の震源の真上の地表、それを震央といいますが、震央から観測点までの距離と、そこに到達した地震波の到達時間とを縦軸、横軸にプロットした図のことです。地球内部の地震波速度構造によって、代表的な三つの走時曲線が描けます。図14にそのうちの二つを示します。地震波速度が深さと共に連続的に増加する場合はどうなるか、ある深さで速度が急増するとどうなるか、逆にある深さで減少していたらどうか。こういう代表的な場合についての走時曲線を知っていると、実際に観測される走時曲線の特徴から地球の内部で地震波速度構造がどうなっているかが判るのです。

地球内部へいくほど圧力が高くなりますから、岩石の弾性波速度は増加します。この場合、スネルの法則を思い出せば判りますが、内部に伝播《でんぱ》していった地震波は、下に凸の曲線を描いて地表に到達します。速度が連続的に増加している場合は、距離が離れるほど地震波の到達に時間がかかり、走時曲線も単調に増加する線になります。ところがどこかで速度が不連続的に急に増加している場合、深く潜って距離的には長く伝播している波のほうが先に到達します。すると走時曲線は折れ曲がってしまいます。逆に速度が不連続的に減少する層があるとどうなるか？　地震波はそこで上に凸になるように曲がるため、走時曲線には飛びが現れます。それを影の領域と呼びます。

地殻、マントル、コア

こういう観測結果から判るのは、地球内部に地殻とマントル、コアという構造があることです。走時曲線から深さ三〇キロメートルから六〇キロメートルぐらいのところに、地震波速度が急増する層があることが判ります。これが大陸地殻とマントルの境界を示す深さです。旧ユーゴスラビアの科学者モホロビチッチが見つけたので、この境界面のことを「モホロビチッチ不連続面」、略して「モホ面」と呼びます。海の下の地殻の場合は、速度が急増する深さがずっと浅くなって、だいたい六キロメートルです。これが海洋地殻の厚さですね。地殻とマントルは岩石でできていますが、その岩石の種類が異なります。地殻のほうが珪酸成分が多い。このため地震波速度が変化するのです。

次に判るのは、マントルとコアの境界です。このような深さになると、観測される地震波は震央から遠くなるので、その距離は角距離で表します。角距離というのは震央と観測点との二点間の距離を地球中心に対して成す角度で表したものです。角距離にして一〇三度から一四〇度付近で、P波について走時曲線に飛びが見られ、影の領域が現れます。ということは、ある深さで地震波速度の減少する層があるということです。それは深さでいうと約二九〇〇キロメートルにあります。つまりモホ面からこの深さまでがマントルで、その下がコアということになります。マントルは岩石ですが、コアは鉄・ニッケル合金からできています。

このような観測を精度よく行うことで、もっと微細な構造も判ります。たとえばマントルも、上部マントルと下部マントルに分かれていることが判ります。マントルの地震波速度構造には、四〇〇キロメートルの深さと、さらにその下に六七〇キロメートルの深さに不連続面があることが知られています。モホ面から四〇〇キロメートルの深さまでが上部マントル、四〇〇〜六七〇キロメートルが遷移層で、六七〇キロメートルより下が下部マントルというわけです。この違いは、岩石の種類の違いなのか、岩石を構成する鉱物が圧力の増加によって構造を変えるためなのか、まだ本当のところは判っていません。それはマントル対流が二層になっているのか、それとも一層なのかにも関係する重要な問題です。

コアにも同様に内核、外核という大きな構造の違いがあります。コアは鉄・ニッケル合金でできていますが、内核、外核でなぜ顕著な違いが現れるかというと、鉄・ニッケル合金の状態が異なるからです。外核は液体、内核は固体になっています。S波は横波ですから液体の中は伝わりません。外核でS波が伝わらなくなり、内核を通過するとき再びS波が現れたりしますが、こういう地震波の変化の詳細を見ることで、どこに境界があるのかが判るのです。ということで、外側から地殻、上部マントル、下部マントル、外核、内核、というのが地球の固体部分の構造です。

地球内部の物体の動き

次にそれぞれの構造の特徴について話をします。まず大陸地殻ですが、花崗岩質の岩石が主たる物質です。海洋地殻は玄武岩質の岩石から成ります。各種の岩石や鉱物の、弾性波速度や密度などの弾性的性質が、圧力、温度によってどう変わるかを実験室で調べ、それを観測される地震波速度や密度と比較することによって、岩石や鉱物の種類が推定できるのです。

先ほどは紹介しませんでしたが、上部マントルには、深さ一〇〇キロメートルくらいのところに、地震波速度が遅くなる低速度層があります。ここでは岩石が少し融けていると考えられています。〇・一%から数%の岩石が部分溶融しているために、地震波の速度が遅くなるのです。なぜ融けているのか、これは、地球になぜプレートテクトニクスが存在するのかに関わる重要な問題です。しかし時間がないのでその問題はここでは省略します。岩石はその状態によって、その力学的性質がすごく変わります。固体か部分溶融か、あるいは完全溶融状態か、ある温度を境に高温な環境下では粘性率が著しく下がって流動しやすくなります。低速度層というのは部分的に溶融していますから、流動しやすい状態になっています。そこでその付近を岩流圏（アセノスフェア）とも呼びます。それに対し、その上にある地殻とマントルは力学的には一体化して動いていて、これは岩石圏あるいはリソスフェアと呼ばれています。地殻とマントルという分け方は化学成分による違いを表すものですが、岩石圏、岩流圏という区分は力学的性質の違いによる区分です。

先ほども述べましたが、地球のテクトニクスを考えるうえで、低速度層は非常に重要な意味をもっています。地球内部の物体の運動がどうなるかは、化学的な性質ではなく力学的な性質で決まっているからです。詳しい説明は省きますが、地球では岩石圏が十数枚に割れています。個々の広大な板をプレートと呼びます。たとえば太平洋の下のプレートやユーラシア大陸の下のプレートは、数千キロメートルを超えるほど広大です。このような十数枚のプレートで固体地球の表層がおおわれているのが地球の特徴で、プレートテクトニクスと呼ばれます。これらのプレートが水平に動き、地震や火山や地殻変動を引き起こしているのです。災害という意味では地震、火山、地殻変動は重要ですが、地球システム論的にもっと重要なことは、このプレートテクトニクスによって、地表とマントル、コアをつなぐ物質循環が作り出されていることです。

大陸を乗せたプレートを大陸プレートと呼び、海洋地殻を乗せたプレートを海洋プレートと呼びますが、この二つのプレートがぶつかると、より重い海洋プレートが大陸プレートの下に沈み込みます。この沈み込むところを海溝といいます。海洋プレートの切れ端はマントルとコアの境界付近まで落ちてそこに溜まりますが、この落ちた分だけどこかで湧き上がってこなければマントルの物質の収支がつり合いません。その湧き上がってくるところが、海嶺と呼ばれる部分です。固体地球の地形としてもっとも顕著に見えるのは、海嶺と海溝です。

マントルの組成についてもう少し詳しく述べておきます。マントルを構成する岩石の主たる構成鉱物は、カンラン石と輝石です。以前にも紹介しましたが、カンラン石も輝石も、マグネシウム、あるいは鉄の酸化物MgO、FeOと珪酸SiO_2でできています。その割合が二対一なのがカンラン石で、マントル上部に多い。輝石はそれが一対一の割合で、これは下部マントルの主要鉱物と考えられています。マントルは地球の体積の約八〇%を占めていますから、地球の組成が何かという問題を考えるとき、このカンラン石と輝石の量比が大きく関わってきます。

コアは一九一三年にグーテンベルクによって発見されました。主として鉄・ニッケル合金からできています。ただし、一〇%ぐらいの不純物が混じっています。じつはそれが原因で、外核と内核という構造の違いが生み出されています。先ほど海洋大循環のところで組成対流の話をしましたが、外核の対流運動も基本は組成対流ではないかと考えられています。外核には不純物が含まれているために、純粋の鉄・ニッケル合金に比べ融点が下がり、融けている。そのため外核は液体状態なのですが、その温度が低下すると、固体の鉄・ニッケル合金が析出してきます。それは、ちょうど大気中の水蒸気が凝結して雨が降るように、地球の中心に向かって落ちていき、これがコアの内核を形成すると考えられています。内核は一九三六年、レーマンによって発見されました。

外核に含まれている不純物が何かということは、まだ判っていません。水素なのか酸素なのか、あるいは硫黄なのか、いろいろな考え方が提出されています。じつはこの問題は、「地球がどのようにできたのか」に関わってくるので、悩ましいところです。

この話に関連していうと、地球の構造が判り、材料物質が推定できれば地球を作れる可能性があります。では、その材料物質を我々は手にしているかどうかが問題です。そのような物質として、いちばんよく取り上げられるのは、ある種の隕石です。我々はすでに月の岩石と火星から飛来した隕石を手にしていますから、これと地球の材料物質と考えられる隕石を比較して検討することができます。大気とか海を作る物質は微量ですから、比較するといっても地球の固体部分をもとに比較します。現在までの結論を先にいうと、隕石のなかで地球の材料物質に似ているものは一つもありません。

ここで先ほどの、マントルの化学組成が問題になってきます。数年前まで、上部マントルと下部マントルの組成は異なり、マントルは二層構造になっている、というのが地球科学者たちの多数意見でした。ところが二〇〇二年にドレイクほかの人たちが、「マントルは全部同じ物質でできている」という考え方を強く主張しました。要するに上部マントルと下部マントルとで物質の違いはなく、その境界は相変化と考えるのが妥当だということです。

我々はマントル対流の存在は知っていますが、その対流運動が上部・下部の二層に分かれているのか、それとも全マントルが対流しているのか。化学組成が違っているとすれば、当然二層の対流運動があっていいわけですよね。だけど相変化的なものであれば、一つの対流でもいい。マントル組成の話は、このように地球の材料物質の根幹に関わるもので、これをどう考えるかで起源論が違ってきてしまうのです。今回の講義はここでおしまいにします。

A／政治・経済
B／社会
C／哲学・思想
D／歴史・地理
E／教育・心理
F／文芸・芸術
G／科学
H／ホビー・スポーツ
I／医療・健康

毎月17日発売

7時間目　太陽系起源論

惑星の誕生

太陽系起源論に関連する話題はこれまでの講義でも少し触れてきましたが、今回はこのテーマについてまとめて紹介します。まず概略を先に述べます。銀河系空間の星と星の間には、分子雲と呼ばれるガスと塵の雲があります。その雲の中でとくに密度の高い領域を分子雲コアといいます。この分子雲コアが重力で収縮して星が生まれます。分子雲コアと、誕生したばかりの原始星は詳しく観測されています。誕生したばかりの星の多くは、円盤状に分布したガスで取り囲まれています。これが原始惑星系円盤と呼ばれるものです。原始惑星系円盤が冷えてくると、ガスが凝縮してさまざまな鉱物粒子が生まれます。これらの粒子が集まって微惑星と呼ばれる小天体が形成されます。微惑星のサイズは地球軌道付近で直径一〇キロメートルぐらいです。この小天体が集まって月とか火星サイズの原始惑星になり、さらにこの原始惑星が集まって半径数千キロメートル、つまり地球のような天体になると考えられています。地球ぐらいのサイズの天体では重力が十分強くないため、周りにあるガスを捕獲することができません。ところが太陽からより遠い領域では、材料物質が多いため、原始惑星が集まってできる天体は、地球の一〇倍以上になります。このくらいの大きさの天体では、周りにあるガスを重力的に引きつけられるため、木星や土星のような巨大ガス惑星になります。しかし、さらに外側になると、原始惑星が集まってできる天体の形成に時間がかかるので、その周辺からガスがなくなってしまい、そのため巨大ガス惑星になれません。それが、天王星、海王星です。

次に、それぞれの過程をさらに詳しく説明します。太陽系起源説の最初の段階は分子雲コアの収縮過程です。じつは、太陽系起源論でのさまざまな過程の多くで共通する物理過程は、自己重力系の密度擾乱《じょうらん》が成長するか否かという問題です。分子雲コアの場合は自己重力系ガスが収縮するか否かに関係し、粒子だったら微惑星が形成されるか否かということになるわけです。

たとえばガスが重力収縮する場合、重力による収縮を、ガス運動による圧力が妨げます。重力と圧力がバランスしていれば、分子雲コアという状態が維持されますが、ここに何らかの擾乱が加わるとどうなるのか。小さい密度擾乱が生じたと仮定し、その擾乱が成長するか否かを、ある式に基づいて判断します。粒子から成る系なら、圧力の代わりに中心天体からの潮汐力とか、ケプラー運動の効果とかを考慮して同じような式を作り、粒子の密度が少し増えたとして、その密度擾乱が成長するかしないかを考えます。太陽系起源論の物理の基本は、現在でもまだ自己重力系の安定性に関する線形解析が中心です。線形解析から導き出される式を分散関係といいますが、この式に基づいて惑星系が形成される条件を議論しているわけです。

原始惑星系円盤の誕生

密度擾乱の原因としては、いくつかのケースが考えられます。たとえば銀河系の中の分子雲の場合、近くで超新星が爆発したことによる衝撃波の伝播で起こる密度擾乱が考えられます。それが静的か動的かによって、分子雲コアの収縮時間が一桁ぐらい変わってきます。静的な過程で密度擾乱が起こる場合には、収縮に一〇〇万年から一〇〇〇万年ぐらいかかる。それに対して衝撃波の通過のように、動的に密度が増える場合は一〇万年ぐらいのタイムスケールで収縮すると推定されています。

分子雲が収縮するとき、分子雲自体も回転し、角運動をもっていますから、すべてが星として収縮するわけではなく、必ず周囲に取り残される雲が出てきます。フィギュアスケートのスケーターがスピンするとき、手を広げているときはゆっくりした回転なのに、手を体に近づけるとより速く回転する。それと同じで、ガスの収縮で星が生まれるとき、収縮すると回転が速くなり、集まりきれないものが周囲に残って円盤状に分布するわけです。この円盤部分を原始惑星系円盤、または原始惑星雲といいます。

原始惑星系円盤が安定なのかどうかは、円盤として取り残されるガスの質量によって異なります。中心の星の質量に対して一〇%以下なら、最初に紹介したような形での進化が起こると考えられていますが、それ以上になると違ったシナリオを考えなければなりません。たとえば中心の太陽と同じぐらいのガスが取り残されると、円盤は円盤として安定ではありません。そうなると連星になったりして、原始惑星系円盤のような構造は作られない可能性も出てくるわけです。実際、原始惑星系円盤は数多く観測されていますが、それを整理すると四つの進化段階が見られます。

先ほど、原始惑星系円盤の形成時間は短くて一〇万年、長い場合は一〇〇〇万年ぐらいと述べました。この形成時間はある種の放射性元素を使っても確認できます。放射性元素が崩壊して半分になるまでの時間を半減期といいます。これが短い短寿命の放射性元素と、長寿命のものがあります。短寿命のものの半減期は一〇万年とか一〇〇万年、皆さんがよく知っているようなウランとかトリウム、カリウムなど長寿命の放射性元素は何十億年、何百億年という半減期をもちます。

星が寿命を終える超新星爆発の過程で形成されるような短寿命の放射性核種が、隕石の中から見つかっています。たとえばアルミニウムという元素の同位体でアルミニウム26です。この半減期はだいたい七三万年で、マグネシウム26という同位体に崩壊していく。したがって隕石の中にマグネシウム26が残っているということは、隕石が作られるまでの時間が七三万年程度だったということになる。アルミの他、マンガン53、鉄60といった短寿命放射性核種の娘元素も隕石中で見つかっています。鉄60の半減期もおよそ一五〇万年ですから、分子雲から星が生まれて原始惑星系円盤を形成するまでの時間は一〇〇万年ぐらい、という推定と調和的です。

原始惑星系円盤の組成

次に原始惑星系円盤の進化について述べます。原始惑星系円盤はガスと粒子から成りますが、ガスは収縮の際熱くなりますから、粒子は蒸発してガスになったり、またその後の冷える過程で再び鉱物粒子として凝縮したりします。ガスからどんな鉱物粒子が生まれるか、じつはそのような粒子を、我々は実際にサンプルとして回収しています。前にも話したコンドライト隕石中のコンドリュールと、カルシウム、アルミニウムに富む白色包有物（ＣＡＩ）が、そういった粒子です。こういう鉱物粒子の中に先ほど説明した短寿命放射性核種が残されていることから、それらの粒子が誕生した年代が議論できるわけです。

ここで隕石についてもう少し説明します。隕石には未分化の隕石と分化した隕石があり、未分化の隕石にはコンドリュールが含まれ、コンドライトと呼ぶという話を以前の講義でしました。その未分化の隕石には、ＣＡＩとコンドリュールが含まれますが、それ以外は何でできているかというと、残りの部分は全部まとめてマトリックスという呼び方をします。マトリックスというのは、ＣＡＩやコンドリュールよりずっと小さな粒子がＣＡＩとコンドリュールの間

図15　太陽系の元素存在度をもつガスを冷やしたとき、それぞれの温度で凝縮する鉱物

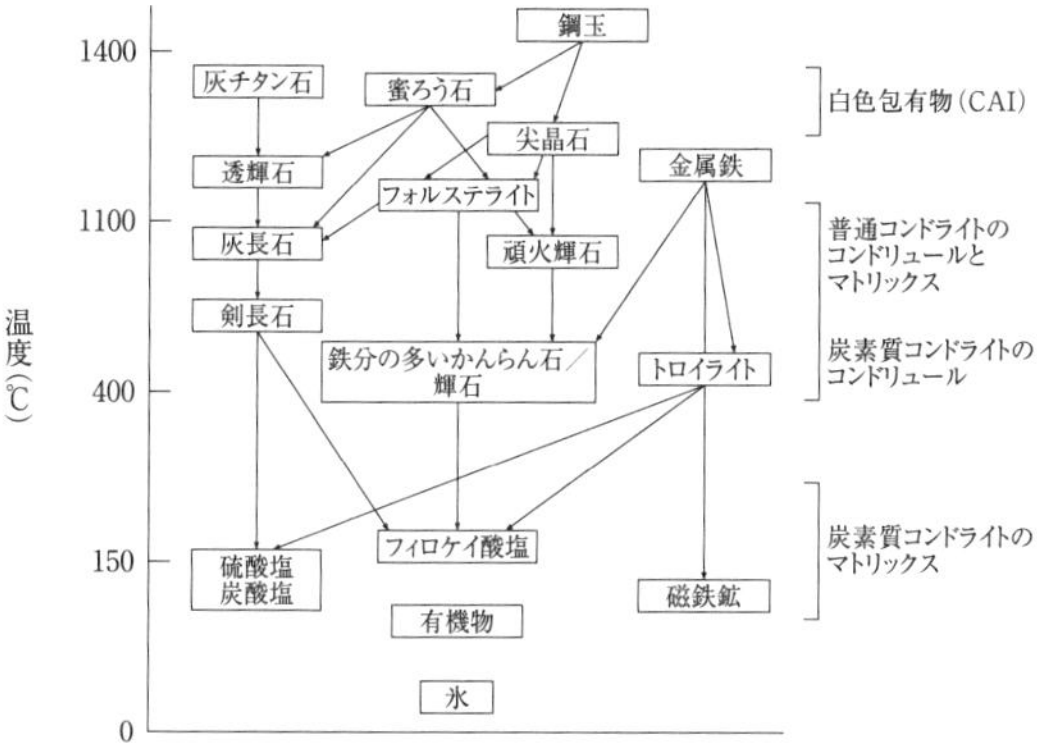

の隙間を埋めている部分と思えばいいでしょう。CAI、コンドリュールとマトリックスを分析し、それを太陽系組成のガスが冷却したとき、どんな鉱物がどんな順番で凝縮するかという計算結果と対応させると、原始惑星系円盤の中で何が起こったか推定できます。原始惑星系円盤の元素組成は隕石と太陽大気の分光観測から推定できる、と前に話しました。宇宙の元素存在度といわれるものです。その宇宙の元素存在度をもつガスが冷却すると、CAIを構成する鉱物が高温で凝縮します。それよりもう少し低温で凝縮するような鉱物はコンドリュールの主成分になっていて、これはカンラン石や輝石のような鉱物です。マトリックス部分には、それ以下のもっと低温で凝縮するような鉱物が多く入っている。未分化の隕石を分析すると、原始惑

星系円盤の中でどんな粒子がどのような順に凝縮するか推定できるわけです。原始惑星雲のガスからこのようにして粒子が生まれてきますが、ガスと粒子とでは運動が違います。ガスは圧力と遠心力が中心天体からの引力につり合うように公転しますが、粒子には圧力は働かない。そのため粒子はガスより早く公転し、ガスの抵抗をうけ、ガスと粒子の分離が起こります。具体的には、粒子はゆっくりとらせんを描きながら、太陽に落ち込みつつ原始惑星系円盤の中心面上に沈殿していき、薄い粒子層を形成します。

微惑星の誕生

次の過程はこれらの粒子が集まって微惑星と呼ばれる小天体が形成される段階です。粒子から微惑星が形成されないと、惑星も形成されません。ところが粒子はガスから抵抗を受け、次第に太陽に向かって落下していきます。では何年ぐらい粒子はガスの中で残っていられるか。これは粒子の大きさによります。粒子は基本的にはケプラー運動をしていますが、ガスは圧力によって支えられるぶん、粒子より少し遅く回っています。このため粒子はガスからの抵抗を受けて、内側に落ち込んでいくのです。ガス抵抗は、粒子のサイズによって異なります。太陽からの距離によるガス密度の分布や温度の違いを考慮して、それぞれの大きさの粒子がそれぞれの位置でどのくらい滞留できるかを計算すると、図16のような結果が得られます。粒子サイ

図16　粒子の寿命（粒子サイズと太陽からの距離による）

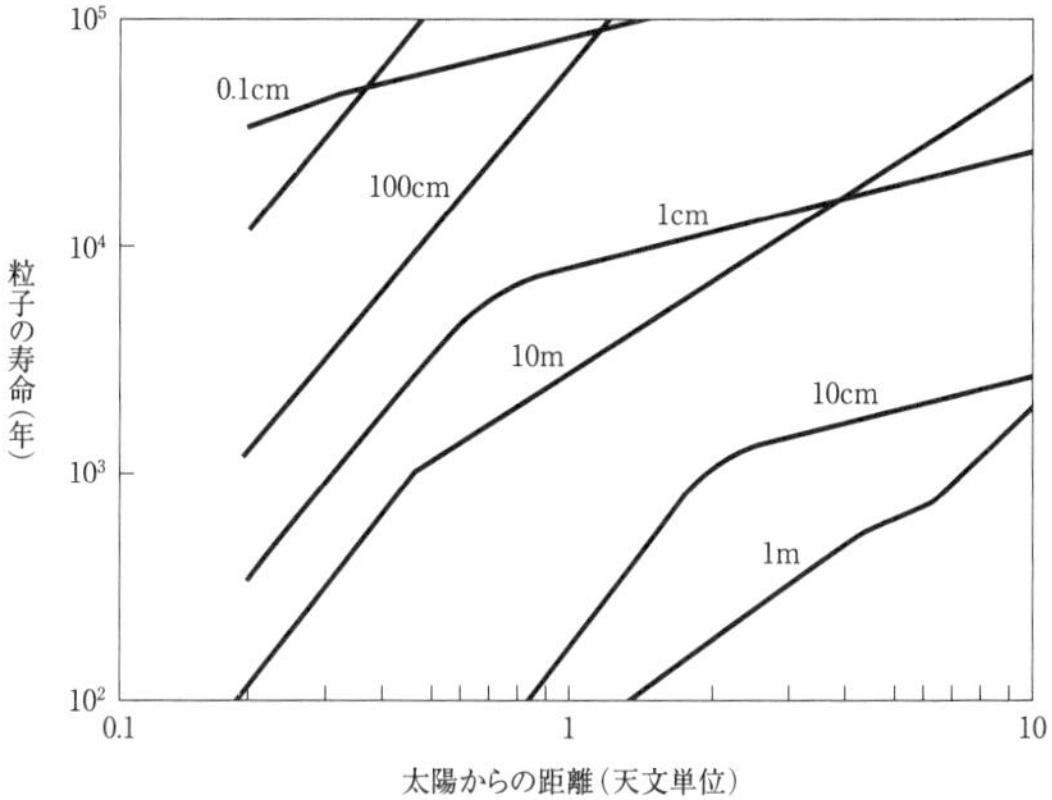

ズがある大きさの範囲のものほど、速く落ち込んでいくのが判ります。たとえば地球軌道で見ると、一メートルくらいの粒子は早く落下するので、その付近に存在できる期間は数十年です。隕石中のCAIやコンドリュールから判断すると、これらの粒子のもともとの大きさはミリ～センチメートル単位です。これらが集まって一〇キロメートルほどの微惑星ができると考えられていますが、そこに至る過程では、必ずメートルサイズを経過するはずです。ところがこのサイズの粒子は、一〇年ぐらいで太陽に落ち込んでしまう。この落下問題があることから、微惑星の形成に関して、粒子が衝突を通じてゆっくり合体しながら成長するわけではないと考えられています。まったく別の考えが提示されています。

一センチメートル以下の粒子なら一万年、一〇万年という単位でガスと一緒に運動しています。その段階で何が起きるかというと、粒子は遠心力と太陽からの引力の相互作用によって、原始惑星雲中を沈殿して、土星の円盤のような薄い粒子層を形成します。この層が薄くなればなるほど、その層の粒子密度というのは大きくなり、互いに働く重力も大きくなります。一方、粒子層には太陽からの潮汐力も働いている。潮汐力というのは、粒子が集まるのを妨げ、むしろ引き離そうとする力です。粒子層の粒子密度が高くなると、重力が潮汐力に勝って重力的に不安定になり、その結果、微惑星と呼ばれる小天体が誕生することが、一九六九年頃、理論的に提唱されました。この考えを最初に唱えたのは旧ソ連のサフローノフという研究者です。少し遅れてアメリカのゴールドライヒや、日本の林忠四郎先生が同じような考えを発表しました。林先生は京都大学の教授でしたが、星が誕生した瞬間、非常に明るく輝く段階があることを発見し、この現象に対しその名を冠して「ハヤシフェーズ」と名づけられた理論物理学者です。

一九七〇年代初頭には、今言ったようなシナリオが微惑星の誕生過程だと考えられていました。ところがその後、この説に対する疑問が提示されました。ガスが乱流状態にあるとき、その中で粒子は静かに落下できるのか。ガスの乱流に巻き込まれて、薄いリング状の層などできないのではないかという疑問です。ガスが乱流状態でも粒子の量がたくさんあればその困難は克服できる、などの対案が出てきましたが、じつは対案を考慮しても実際にはむずかしいとか、まだ議論は続いています。我々は惑星の元素組成に基づき、それに宇宙元素存在度分の水素やヘリウムを加えて原始惑星系円盤の質量を推定しています。粒子を多くするとは、それより粒子を構成する元素を数倍大きくしたような、奇妙な組成の原始惑星系円盤を想定しなければならないなど、整合性の問題が出てくるのです。

そこで最近は、一メートルくらいの粒子が、一年ほどで急成長して微惑星になるようなメカニズムも考えられています。一年くらいだったら太陽に落下しなくてすむわけですから。サフローノフの提唱した微惑星理論が、今でも有力であることに変わりはないのですが、いまだその物理的過程は完璧には判っていないということです。

ただ、惑星形成に至る過程で微惑星のような小天体形成を経由したであろうことは、証拠が残っています。証拠とは、月面に無数に残されているクレーターの存在です。このクレーターの時代別の形成頻度を解析すると、月が誕生した頃にものすごい数の小天体がぶつかったことが確かめられるわけです。したがってこういう小天体、つまり微惑星がお互いに衝突をくり返して惑星が誕生する、というシナリオは、普遍的と考えられています。

原始惑星の誕生

次の段階は、微惑星から惑星に至る段階です。ミリメートルやセンチメートル・サイズの粒子の運動の話から、直径一〇キロメートルぐらいの小天体を経て、何千キロメートルもの天体の形成の話に変わります。微惑星が太陽の周りを回っているうち、互いの重力作用により軌道が変化し、衝突するようになり、だんだん大きな天体になっていく。これを微惑星の集積段階といいます。

微惑星の集積には二段階あることが、最近の数値計算から示唆されています。ただし、数値計算といっても、地球軌道付近にある一〇〇億個の微惑星がどう進化するかなど、まだとても追跡できません。現在行われている微惑星集積過程のN体問題シミュレーションのNは、せいぜい一万個です。微惑星が衝突合体すると、最初その質量が一なら二の大きさになり、次に二同士がぶつかって四になるということが起きますね。こうした衝突を通じて、一の質量のままのもの、二とか三とか四とか八の質量をもつものなど、いろいろな大きさの微惑星ができてくる。そこで大きさによって衝突過程の重力的な効果がどう違うかを計算してみると、小さい微惑星同士が衝突する場合、衝突断面積が小さいので重力的な散乱効果のほうが効いて、互いの相対速度が大きくなり、成長する頻度は下がっていきます。他より少し大きくなった微惑星は、軌道が集中する効果がより大きいため狭い領域に集まってきますから、衝突頻度も衝突断面積も大きくなって、ますます大きくなっていく。つまり小さい微惑星は取り残され、大きい微惑星ほど小さい微惑星を集めてどんどん大きくなっていくということが、物理的な考察から判ります。このように一つだけ、より大きい微惑星が成長していく集積のことを暴走成長といいますが、これが起きると、ある領域では大きくなった天体が一個だけ生き残ります。これが原始惑星です。少し離れた軌道領域にも、その付近の微惑星を集めて大きくなった原始惑星が一個だけできる。このようにある程度大きくなった天体だけがある軌道間隔を隔てて並ぶと、重力的に状態は安定してきます。

この段階に達するまでの時間スケールは、だいたい一〇〇万年。割合短い時間で原始惑星ができるということが、数値計算から示唆されています。そのような数値計算の一例を紹介します。

これは東大駒場の天文グループが開発したGRAPEという重力的N体問題のコンピュータを用いて計算された、一万体の計算例です。太陽からの距離〇・九九天文単位から一・一天文単位という、地球軌道付近のすごく狭い領域に微惑星を一万個置いて、互いの重力を計算しながら、その進化を追跡したものです。

離心率の分布は初期値として〇・一までの数値を任意に与えます。時間の経過とともに初期に与えた分布に比べるとより大きな値まで分散していますが、これは小さな微惑星が重力的な散乱を受けて、軌道が少しずつ拡散していく結果です。先ほど定性的に説明したように、まさに大きな天体が一個生まれて、成長していくのがわかります。その離心率は低い。微惑星の質量分布の時間変化を追跡すると、最初に一万個の等質量の微惑星が分布した状態からスタートして、二〇万年後に大きい天体が一個だけ成長している様子が判ります。暴走成長が、二〇万年という短い時間で実際に起こることが確かめられます。微惑星の最初に与える軌道分布をもっと広い範囲に広げて計算すると、今度はそれぞれ〇・〇一天文単位くらいの狭い軌道範囲に一つずつ大きく成長した原始惑星が形成され、最終的には、最初に微惑星を分布させた軌道領域に少数の大きな原始惑星がほぼ円軌道を描いて分布することが判ります。そこに至るまでは一〇〇万年くらいですが、その後はこのような状態からほとんど変化が起こりません。

このような数値計算から判る重要な結論は何かというと、微惑星から一気に最終的な惑星の形成に至るのではなく、ある狭い軌道範囲に中間的なサイズの原始惑星が一つ形成されるということです。それから最終的な惑星が形成される。中間的な大きさの天体がある間隔をおいて順に並ぶ状態が、数値計算で実現されます。地球型惑星の誕生する軌道付近に、月とか火星サイズの天体が数十個並ぶ。こうした原始惑星の形成に至るまでの時間が、一〇〇万年という時間オーダーですね。

重力的多体問題というのは、互いの重力の計算をするだけですから計算としては単純なんですが、その計算回数は、個数をNとするとNの二乗になります。Nが多くなると膨大な計算量になることが判ると思います。この計算時間を減少させ、なるべく大きなNについて計算できることが必要です。これを数値計算のソフトで解決するのではなく、計算機そのもののハードを工夫して解決する。そういう計算用だけの特殊なコンピュータが十数年前に開発されました。それが先ほど述べたGRAPEと呼ばれるコンピュータです。これを作ったのはこの東大駒場の研究グループです。今も天文学・惑星科学の重力的多体問題の計算に関しては、このグループが世界をリードしています。

次の段階は数十個の原始惑星がさらに成長する段階で、これにはGRAPEを使う計算方法は適していません。数十個の月や火星サイズの天体がさらに集まって大きくなるプロセスには、一億年ぐらい時間がかかります。微惑星集積の一段階目の寡占的暴走的成長に対して、この段階は少数のほぼ同じ大きさの天体の衝突過程です。この段階も数値計算で追跡するのが一般的ですが、今度は個数が多い系を計算していくのではなく、個数が少ない系を長期にわたってより精度よく計算していくことが必要になります。二〇個ぐらいの原始惑星が重力的な相互作用をしながら軌道をどう変え、どう成長していくか、一億年に及ぶ軌道計算を精度よく行う必要がありますが、じつはこの段階の計算も、これに適した数値計算コードが開発されています。チェンバースという在米の研究者が、その数値計算コードを利用して、原始惑星の集積過程を研究しています。

原始惑星ができるまでの計算は地球から火星ぐらいまでのそれぞれの狭い軌道範囲でしたが、

今度はその重力的N体数値計算で得られた結果を初期条件にして、その後の計算をするわけです。次にそのような計算結果の例を紹介します。最初の状態からスタートして、三〇〇万年後、一〇〇〇万年後、三〇〇〇万年後、六〇〇〇万年後、一億年後と変化を追跡すると、数十個の原始惑星が合体成長しながら個数を減らしていくことが判ります。計算結果は、与える初期条件により異なりますが、一〜数億年後に、地球型惑星の領域に数個の惑星が生まれることは共通しています。現在地球型惑星の存在する領域に分布する数十個の月、火星サイズの原始惑星から、現在の地球型惑星と似た惑星系が作られることが、このような計算から判ります。太陽系とまったく同じ地球型惑星が作られた例はまだありませんが、太陽系もどきは計算上いくらでも作れることが確かめられています。したがって、地球型惑星の形成は、こういうプロセスを経て起こったのだろうと考えられています。

巨大ガス惑星の誕生

では、巨大ガス惑星の形成過程を考えてみましょう。微惑星の形成とその後の集積過程は、木星や土星の領域でも同じだろうと考えられます。問題は何かというと、軌道の位置と集められる物質の分布する軌道範囲の広さと、組成の違い、その質量です。地球の場合には、その軌道領域で集められる物質とその質量は、太陽が近いので岩石を主とし、その範囲が狭いので地球ぐらいの大きさにしかなりません。しかし、たとえば木星軌道付近になると軌道範囲が広く、冷たいので氷成分も多量に分布し、そこに含まれる質量は膨大ですから、原始惑星の個数も多く、それらが集まってできる地球型惑星に相当する（岩石＋氷）惑星は、地球型惑星よりもっとずっと大きくなるはずです。それを原始巨大ガス惑星と呼ぶことにします。

ここで巨大ガス惑星の内部構造を紹介しておきます。木星も土星も、中心に岩石と氷から成るコアがあります。その外側が金属水素の層、さらにその外側に分子状態の水素の層、そして表層が水素とヘリウムの大気層です。中心のコアの質量は、地球質量の一〇倍ぐらい。木星も土星も同様で、中心には地球質量の一〇倍くらいのコアが存在すると考えられます。そのようなコアに相当するのが、原始巨大ガス惑星と考えられています。それが周りにあるガスとどういう相互作用をするのか。これが地球型惑星と巨大ガス惑星の起源の違いです。

巨大ガス惑星の起源論の歴史を簡単に紹介しておきましょう。最初に提唱されていたのは、キャメロンというアメリカの物理学者が提唱したモデルです。彼は太陽の周りに太陽と同質量程度の重い原始惑星雲があったらどうなるかという計算をしました。その場合、ガス雲が分裂して、それがそのまま巨大ガス惑星に相当するような、そんな天体がたくさん生まれることを示しました。その生き残りが巨大ガス惑星の起源だというわけです。しかしこのモデルでは、当然地球型惑星の形成は説明できません。また、太陽系の材料物質の量を考えた場合、原始惑星系円盤の質量はどんなに多くても数%くらいと推定されるので、キャメロンの描くシナリオは説得力がありません。

ではどんなシナリオが妥当と考えられているか。地球の一〇倍くらいの質量の惑星が誕生すると、重力が強いためにその範囲に分布するガスは、重力的に不安定になります。具体的には、重力的に崩壊して原始巨大ガス惑星に集積し、結果として周りにあるガスをかき集めることが予想されています。固体の原始巨大ガス惑星が成長し、その質量がある臨界の値を超えると、原始惑星系円盤のガスは重力的に不安定になってこの固体の惑星に吸い寄せられ、惑星はどんどん大きくなっていきます。実際に数値計算を行ってみると、そのようになることが確かめられます。図17にそのような過程の想像図を示します。ガスを集めて原始巨大ガス惑星の質量が大きくなり、その範囲にはガスがなくなることを表しています。原始惑星の形成、その集積による原始巨大ガス惑星の形成、そして巨大ガス惑星の形成までに要する時間はというと、巨大ガス惑星形成領域では非常に速いと推測されています。地球型惑星の領域で原始惑星の集積による惑星の形成に要する時間は数億年という計算結果

図17　巨大ガス惑星形成の概念図

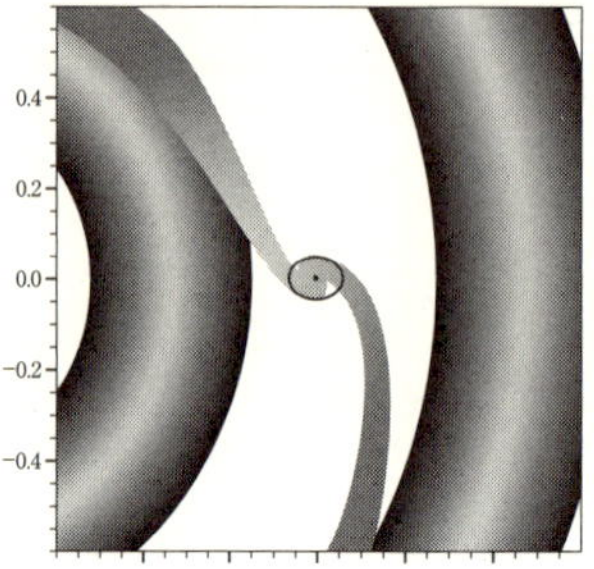

原始巨大ガス惑星に周囲からガスが流入していく。

を先ほど紹介しましたが、それはガスのない状態での計算です。ガスのある状態では、一〇〇〇万年ぐらいの間に地球質量の一〇倍ほどの原始巨大ガス惑星が生まれ、したがって周囲にまだ濃く存在する周りのガスを集めて、たちどころに巨大ガス惑星になる。というのが、現在の標準的な太陽系形成論です。ここで例として話したのは木星の場合ですが、土星も概略は同じです。

さらに外側の天王星とか海王星の領域になると、原始惑星が集まって、原始巨大ガス惑星に相当する固体惑星が生まれるまでにもっと時間がかかると予想されます。その形成時間は公転周期に関係し、巨大ガス惑星の存在領域より長くなるからです。一〇〇〇万年よりずっと長く、一〇億年という単位になってもおかしくありません。分子雲コアから生まれたばかりの原始星の観測から、原始惑星系円盤のガスが消失するまでの時間は、一〇〇〇万年くらいと予想されますから、天王星、海王星領域に生まれた原始巨大ガス惑星は周囲のガスを集めきれません。巨大ガス惑星と氷惑星との形成過程の違いを考えるうえで、原始惑星系円盤のガスが、星の誕生後いつくらいまで存在するかは重要問題です。原始惑星系円盤が生まれてから一〇〇万年ぐらいは、まだガスが周りにあるのが実際に観測されています。この段階で双極子流のように、極方向から質量が逃げていくような様子も観測されている。しかし誕生から一〇〇〇万年以上経ったような星を観測すると、ガスはなくなって塵だけの原始惑星系円盤になっています。こう観測結果から、巨大ガス惑星を作るなら星の誕生後一〇〇〇万年以内に作らなくてはいけない、というのが制約条件として与えられています。ただし、ここで紹介したモデルは、物理的に説明ができる、という話であって、本当にこれが正しいかどうかはまだ判っていません。

というのは前回の講義でも少し述べたように、周囲に濃いガスが存在すると、誕生した巨大ガス惑星がガスとの相互作用で中心の太陽のほうへどんどん落ちていってしまうからです。これを惑星落下問題といいますが、この話は系外惑星系の起源論と密接に絡んできます。というのは現在観測されている系外惑星系のほとんどは、巨大ガス惑星が、水星軌道よりずっと内側を回っているような惑星系だからです。この問題については系外惑星系の講義でもう一度詳しく話します。

巨大ガス惑星はなぜ二つしかないのか

今日の最後の話は、太陽系にはなぜ巨大ガス惑星が二つしかないのかについてです。それが三つあってもいいじゃないかと思う人もいると思うのですが、この問題に関しては最近面白いことが判ってきました。太陽の周りに木星とか土星のような大きい惑星を置いて、その軌道の安定性を計算すると、二つなら長期にわたって安定しています。軌道の安定性を示すのに、ある量が安定か否かで判断しますが、この量が時間的に大きく変動しなければ、天体力学的に安定しているという意味です。二個の惑星だと、値がほぼ一定ですが、これに三つ目の惑星を加えると、外側に置いても内側に置いても一定にならず、大きく変動してきます。これは軌道が大きくずれてしまうことを意味します。三番目の惑星の軌道は、二つの惑星の影響ですごく離心率が高く（エクセントリックに）なっていく。これは、巨大ガス惑星がいくつまでなら惑星系として安定か、という議論に関わってきます。太陽系は木星、土星と巨大ガス惑星が二つだけだから安定している、といういい方もできるわけです。小さい天体は質量的には無視できるので、この議論には関係ありません。

今回の講義で話した巨大ガス惑星の話は、太陽系が惑星系として普遍か特殊か、という問題にも関係してきます。我々はつい最近まで太陽系が一般的な惑星系と思っていました。しかし、じつは系外惑星系のほうが一般的かもしれないということです。このことは、標準的な太陽系起源論を拡張して惑星形成論を考えても、系外惑星系を作れる可能性があることからも示唆されます。

8時間目　系外惑星系

地球型惑星、発見か

では八回目の講義を始めます。皆さんこういう記事は読みましたか？　今週の新聞（朝日新聞　二〇〇五年六月一四日朝刊）に出た「地球型惑星発見か？」というニュースです。以前から系外惑星系をもつ星として知られていた星のデータを分析しているうち、もう一個小さな惑星があると都合がいい、という解析結果が得られたというニュースです。

系外惑星系を構成するのは普通木星とか土星クラスの巨大ガス惑星なのですが、この惑星の質量はいちばん大きな推定値を考えても地球の七・五倍程度。この七・五倍というのは、微妙なところですね。木星のような巨大ガス惑星は、地球の一〇倍ぐらいの質量の固体惑星がまず形成され、その重力で周りのガスを集めてできた、と先週の講義で話しました。だから地球質量の七・五倍の惑星というのは、周りのガスを集めきれなくて巨大ガス惑星になれなかったか、あるいは天王星、海王星のようにガスがなくなったあとにできた惑星かもしれません。いずれにしても巨大ガス惑星ではなく固体の惑星、つまり地球型の、岩石から成る惑星である可能性が高いわけです。ただ、太陽までの距離は〇・〇二天文単位とかなり近いので、その地表温度は非常に高い。したがって生命が存在する可能性はありません。しかしこの惑星は、今まで発見された系外惑星系の中で最小です。これが本当に地球型惑星かどうか、まだはっきりしていませんが、今日の講義にとってはタイミングよく、ともかくニュースとして登場しました。

系外惑星系の観測方法

系外惑星系の紹介に移りますが、現在（二〇〇五年五月末）惑星系としては一三八個見つかっています。惑星の数でいうと一五七個です。図18は現在までに発見されている系外惑星系の惑星の存在位置を示したもので、これで判るように、今発見されている惑星系は惑星が一個から成るというのが大半です。惑星が複数から成る系外惑星系は、まだ十数個しか見つかっていません。この理由としては観測精度の問題もあります。

系外惑星系の観測方法については、以前にも簡単に説明しましたね。もう一度説明しますと、まずはドップラー効果を使う方法です。惑星が中心の星の周りを回っていると、惑星の重力で星も引っ張られますから、両天体の重心の周りを星も運動するわけです。たとえば木星と太陽の場合、その重心はどの辺にあるかというと、ちょうど太陽の表面ぐらいです。太陽半径ぐらいの軌道半径で、太陽はその重心の周りを運動している。木星の周期は一二年くらいですから、そのくらいの周期で太陽半径に相当する軌道上を一周するということです。その速度を計算すると、およそ秒速一三メートル。太陽のこの運動が検出できれば、別の星から太陽系の存在が確かめられることになります。

図18　これまでに発見された系外惑星系。
中心の星からの惑星の位置を示す。

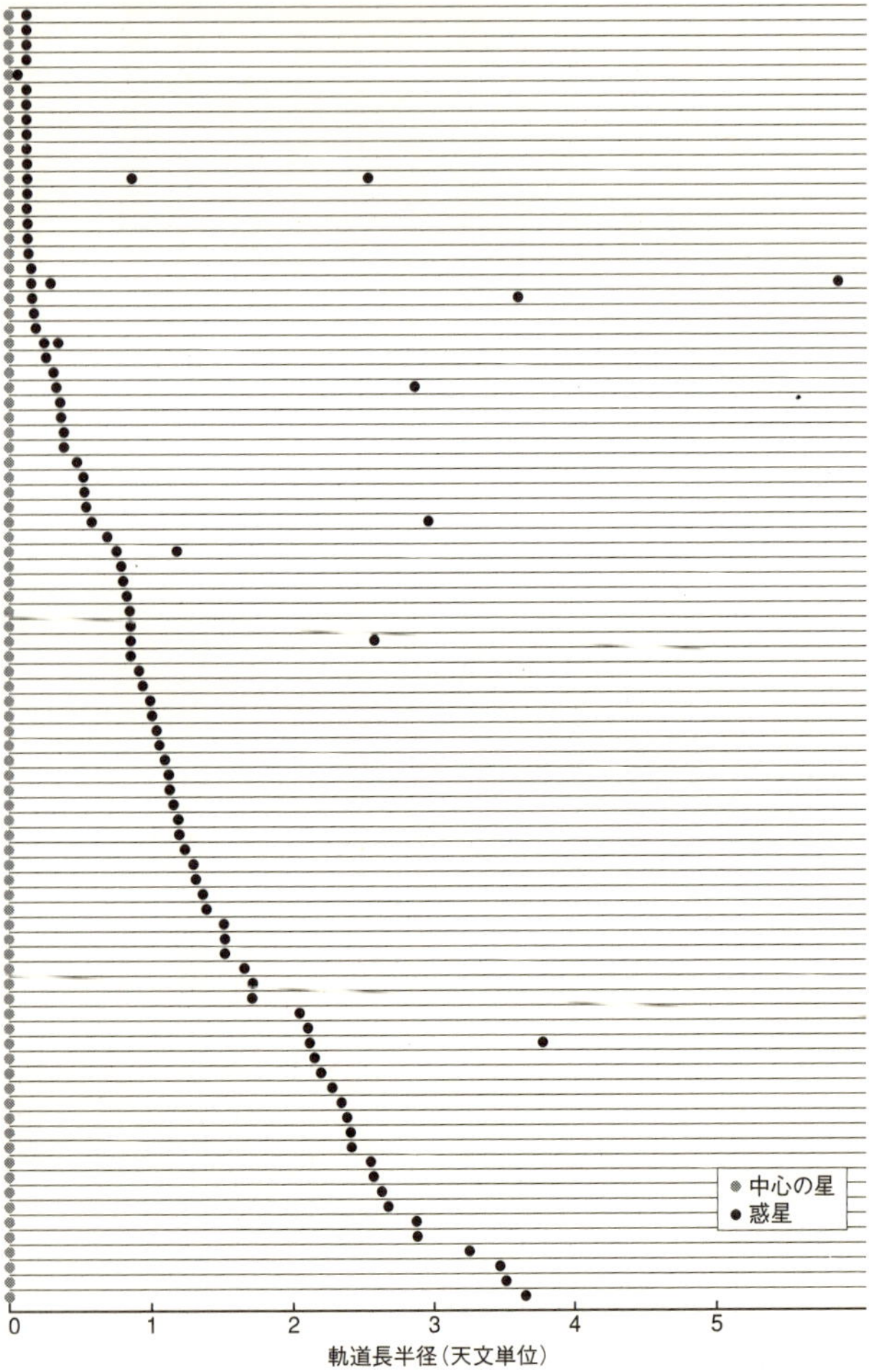

ではその運動をどう観測するかですが、太陽が惑星との重心の周りを運動しているということは、それを外から観測していると、当然近づいたり遠ざかったりする運動を観測することになります。すなわち、その運動による光のドップラー偏移が観測できるということです。観測者に近づくときは青っぽい光として見え、遠ざかるときは赤っぽい光として見え、その振幅がどのくらいかという観測結果が得られます。ですから星のこういう運動を示すデータが得られれば、それは惑星系をもつ星である可能性が大きいということです。

もう一つ、トランジットという方法も使われています。これは、星の前を惑星が通過するときの減光を観測する方法です。減光が観測できれば、星の表面積に対してどのくらいの面積が遮《さえぎ》られたかが判りますから、惑星の大きさが判ります。少なくとも、星の周りに何かあるということは判ります。

ペガサス座五一番星

系外惑星系が初めて発見されたのは、一九九五年一〇月です。その星はペガサス座の五一番星。この惑星の質量はだいたい木星の半分。軌道長半径が〇・〇五一天文単位。ということは、ほぼ四日で中心星の周囲を一周することになります。この運動を示唆する観測データが得られて、最終的に、この星の周りに惑星があるということが確認されたわけです。

すでに何度も話しましたが、我々は太陽系を基準に惑星系を探していたので、一〇年くらいという周期で近づいたり遠ざかったりする星を探していました。太陽系については、個々の惑星がなぜそのように分布する構造になっているか、その起源も含めてある程度理解したので、それが一般の惑星系にも適用できる常識だと思い込んでいた。ところが何十年観測しても、それに相当するような観測結果が得られないので、ちょうどその頃観測をやめることにしたのですが、九五年に偶然、我々の想像を絶するような惑星が見つかったということです。それまでの常識では、物理的に考えて、こんな位置に巨大ガス惑星があるとは思ってもみなかったわけです。

科学における発見とは、じつはこういう思い込みからいかに脱せるかにかかっています。科学の世界というのは常識がけっこう幅を利かせていますから、一流の科学者ほどそういうものに縛られてしまう。でも超一流になれば、そこが突破できる。ここがむずかしいところです。

ペガサス座の五一番星は、発見当時本当に惑星かどうかよく判りませんでした。というのは、星の観測をすると連星という形態の星がたくさんある。連星を構成する小さい星を伴星といいますが、伴星によっても同じような運動が引き起こされますから、星の運動だけから惑星か伴星かを判断するのがむずかしかったわけです。

伴星のいちばん小さなものとしては、褐色矮星が知られています。これは木星質量の八〇倍

図19　系外惑星の質量分布

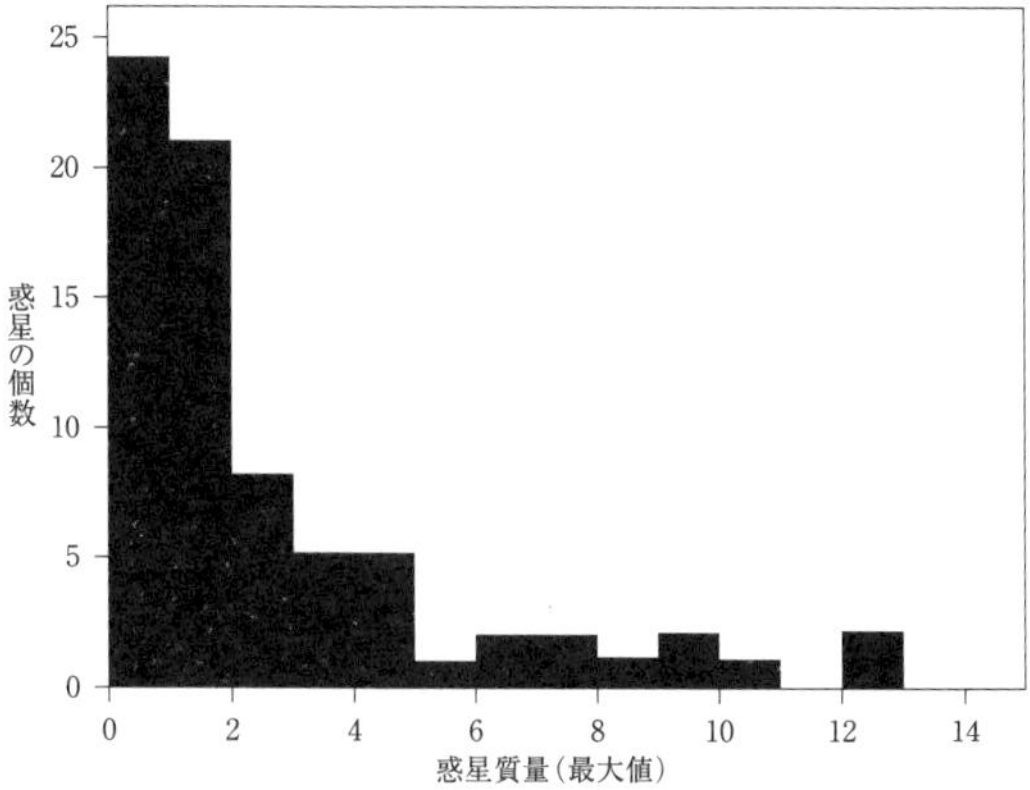

くらいと、非常に小さい星です。電子の縮退圧みたいな力で重力が支えられてこういう星が存在できるわけですが、自ら輝けない、すなわち内部で核融合反応を起こせないので、いわゆる主系列にある星ではありません。

ここで惑星の定義をしておくと、星の周りにある原始惑星系円盤から生まれて、ある程度の大きさをもち、自ら輝かない星というのが惑星です。この定義には根拠というほどのこともなく、我々は太陽系以外知らなかったから、こう思い込んでいただけの話なのですが。

というわけで、ペガサス座の五一番星は褐色矮星か巨大ガス惑星なのかという議論をしているうち、同じような観測結果を示す星がたくさん見つかって、惑星と推定できる惑星の質量分布が求められるようになってきた。図19は横軸に惑星の質量、縦軸に個数が書いてありますから、惑星の質量分布図です。これを見ると巨大ガス惑星の個数はある質量以下にピークがあって、そこから上、とくに一〇倍以上というのは少なくなる。スケールを大きくして一〇〇倍までとっても、一〇倍から三〇倍までのところは個数が減少する。褐色矮星まで含めてこういう質量分布図を描くと、巨大ガス惑星の質量辺りにピークがあって、数十倍あたりまでは減少し、数十倍から一〇〇倍にいくところで再び増えているという分布になります。質量数十倍の領域には惑星に相当する星が少ないので、「惑星の砂漠」と呼ばれています。以上のことから、今見つかっている惑星系はすべて惑星と考えていいのではないか、と言われています。

もう一つの理由は、連星の場合に三つの連星などがありますけれど、その割合は一般にすごく少ない。ところが見つかっている惑星系には、惑星の数が複数あるものが一〇以上ある。一割ぐらいは多重惑星系です。これは褐色矮星的な連星が生まれるメカニズムでは説明できない。これを考えても、やはり惑星と思っていいのではないか、ということになっています。

「ホット・ジュピター」

図20に、HD209458という星の観測結果が示されています。先ほど述べたように、トランジットの結果、光が図のように減っている。この減光の大きさから、惑星の大きさが求め

られます。この場合一・五％ぐらい減光しているので、中心の星に比べてだいたい一・五％に相当する断面積をもっていることが判ります。この星の惑星に関しては、大きさが判り、ドップラー偏移の観測から質量が判っていますから、一立方センチメートルあたりおよそ〇・三グラムという密度が推定できます。この推定密度も、巨大ガス惑星と調和的です。この惑星の場合、木星質量の〇・七ぐらいですから、重力によってつぶれている効果が少ないと考えれば、密度も惑星進化のプロセスとして説明できる範囲だと考えられます。といっても我々は巨大ガス惑星について木星と土星しか知らないので――なお土星の場合、密度は〇・七ぐらいです――巨大ガス惑星の進化段階について、本当はよく理解していないのですが。

ＨＤ２０９４５８については、昨年（二〇〇四年）大気成分の観測も行われています。水素、ヘリウムがあるのは確かですが、他に炭素と酸

図20　HD209458観測結果

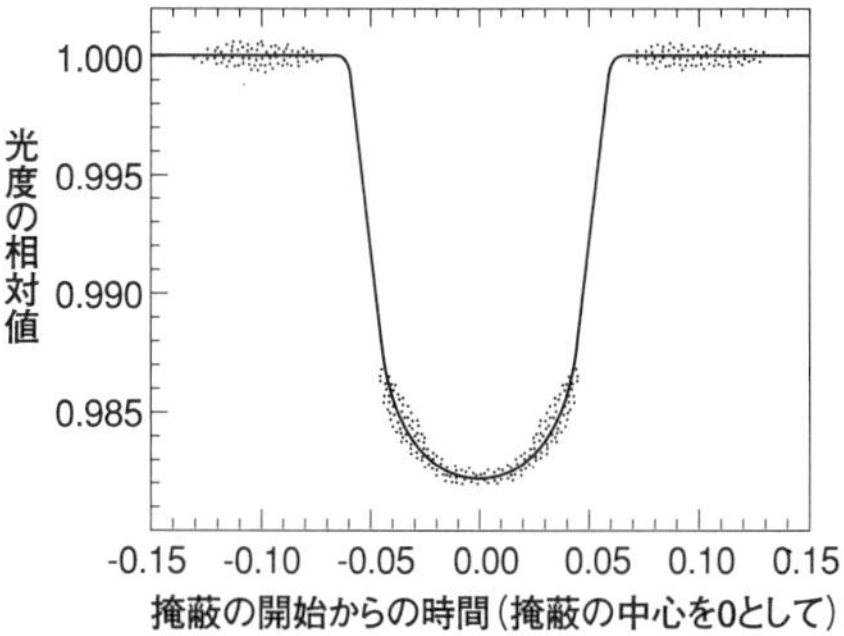

素もあるというデータが得られています。量的な話ではなく、単に炭素と酸素が検出されたという程度の意味です。

軌道は長半径〇・〇五天文単位と、中心の星にものすごく近い。太陽系ではもっとも近い水星でも〇・三九ぐらいの値ですから、その一〇分の一くらいという軌道上を回っているわけで、当然表面温度は非常に高いはずですね。恐らく一〇〇〇℃以上だろうと思われます。木星に似ていて、しかも高温だというので、これらの惑星に関しては「ホット・ジュピター」という言い方もされています。

中心星に近いということは、温度が高いだけでなく潮汐力も非常に強いわけですから、形はラグビーボールのようにゆがんでいると考えられます。当然、自転と公転の周期は一致する――これを尽数関係にあるといいますが――すなわち中心星に同じ面を向けている。すると星の直下部分はものすごく熱く、裏側の影の部分は冷たいと考えられます。大気の運動を考えると、中心星に面した側から裏側の影の部分に大気が動いているはずなので、それにともなった模様があるのではないかと推定されています。

ここで巨大ガス惑星の色について、少し話しておきます。そもそも何が惑星の色を決めているのか。木星と土星は、黄色とか茶色っぽい色に白が混ざったような色に見えます。木星と土星にはアンモニアとか硫黄化合物、氷などがあって、それが異なる高度、場所に雲を作っているので、ああいう色合いに見えると考えられています。太陽系の場合、太陽光の吸収などに依存して惑星の色が決まりますが、水素、ヘリウムだけだと何も色はつきません。水素とヘリウムに対して、光はただ通過するだけなので、透明です。巨大ガス惑星と異なり天王星と海王星はブルーに見えます。この二つの星には水素、ヘリウムのほかにメタンがあって、このメタンが惑星の色の基になっているわけです。

では一〇〇〇℃もあるホット・ジュピターは何色に見えるか。高温のため、少なくとも雲を作るような微量固体成分は全部蒸発しています。基本的にガスのみですから、どんな色に見えるかはまったく想像できません。ホット・ジュピターの正体に関して、今明らかになっているのはこんな程度です。

エリダヌス座イプシロン星

次はエリダヌス座イプシロン星という星に注目して、系外惑星系のもう一つの特徴を見てみましょう。この星は軌道の離心率が〇・六〇八という値をもっています。軌道離心率というのは、中心星からの平均距離に対してどれだけ軌道が変化するかを表す量です。この数値が大きいと、ものすごく偏心した楕円軌道になるわけです。太陽系のほとんどの惑星は円軌道に近い軌道を回りますが、系外惑星系の場合、惑星が中心星の非常に近くを回るということのほか、軌道離心率も大変大きいという特徴があります。たとえば、木星とか土星の軌道離心率は〇・一以下ですが、系外惑星系の惑星は、それよりずっと大きい。ただ、その軌道半径が非常に小さいものは円軌道に近い軌道です。遠くにあるものは、みんな偏心した楕円軌道になっている。これも系外惑星系のもう一つの特徴ですが、このように離心率が極めて高い惑星のことを「エクセントリック・プラネット」と呼んだりします。人間の場合「あいつはエクセントリックだ」といえば、常識外れという意味ですね。それと同じで、常識外れの惑星という意味も含まれているわけです。

こういう惑星の気温はどうかというと、軌道が中心の星に近づいたり遠ざかったりしますから、当然灼熱《しゃくねつ》と酷寒をくり返すことになります。エリダヌス座イプシロンは、マイナス二〇℃からマイナス一五〇℃ぐらいに変化すると考えられます。この惑星の場合、軌道長半径が三・三天文単位（AUと略記）と少し離れているからこの程度ですんでいるわけで、もっと軌道長半径が小さい惑星は、より変化の度合いが増してくる。現在発見されている中で最大の離心率は、〇・九三です。具体的には惑星が中心の星にいちばん接近するとき（近点距離）が〇・〇三で、いちばん遠ざかるとき（遠点距離）が〇・八五AUです。この場合、中心星からの放射が八〇〇倍変化しますから、一三〇〇℃から三〇℃ぐらいまで変化します。ただ、こういう惑星は、中心星に近づくと潮汐変形その他の力を中心星から受け運動エネルギーが変化しますから、元の軌道に戻れない。どうなるかというと、近づいたときに軌道運動のエネルギーを失うので、遠点距離がだんだん小さくなっていく。最終的には近点付近を円軌道で回るようになっていきます。中心星に近いホット・ジュピターがみんな円軌道に近い軌道で回っているのは、このような理由からだと考えられるわけです。

次に多重惑星系について話します。惑星がたくさんあるかどうか調べるには、ドップラー偏移で得られる波型のデータを周波数分析して、複数の周期から成っているかどうかを見ます。惑星が多数あれば、それぞれの周期で揺らしているわけですから、観測データは、その周期の重ね合わせになっているはずです。太陽系も多重惑星系です。系外惑星系で多重惑星系と確認されているものは、今のところ一〇%ぐらいです。ただし、太陽系と同じような惑星系がこれぐらいあるという意味ではありません。もし太陽系と似た惑星系があるとしても、その数は一〇%くらいという意味です。

現在までに見つかっている系外惑星系は、いずれも一〇〇光年ぐらいの距離にあるものですが、これは現在の観測能力によっています。たとえばドップラー偏移の振幅を使ってどの程度の速度のものが検出できるかというと、秒速一〇メートルぐらい。木星が太陽を揺らすのは秒速十数メートル、土星は三メートル、地球だと〇・一メートルぐらいです。〇・一メートルくらいの精度で観測できるようにならないと、地球型惑星は観測できないということです。今後一〇年ぐらい以内には、精度が秒速一メートルぐらいまで上がるだろうといわれていますが、今はまだその前段階です。

惑星落下問題

では、系外惑星系はどのように形成されるのか。ある段階までは、基本的に太陽系起源論と同じだと考えられます。もしかしたら全部同じかもしれません。異なっているのは原始惑星雲の質量だけだったのかもしれません。分子雲コアが収縮して星と原始惑星系円盤が生まれる。この過程は銀河系で実際に観測されていることですから、太陽系だろうが系外惑星系だろうが同じはずです。

この段階あるいはそれ以降で何が違うのか？　太陽系起源論では、この段階でものすごく重要なことを仮定します。何かというと、星と原始惑星系円盤との質量比です。太陽系の場合、現在の惑星の質量と組成をもとに、最低どれくらいの原始惑星系円盤の質量が必要か見積もれます。こうして求めた値が一％ぐらいですから、これぐらいの質量の原始惑星系円盤を仮定して、その進化を考えます。したがって最小質量モデルといわれます。原始惑星系円盤から鉱物粒子が凝縮し、沈殿し、微惑星が形成され、原始惑星の形成を経て、最終的に惑星が形成される。巨大ガス惑星の誕生過程については前回話しました。その中で、巨大ガス惑星の起源には、標準的な太陽系起源論でもいくつか問題があることを紹介しました。その問題が、じつは系外惑星系の起源を考えるときには重要になってくるのです。

まず一つは、原始惑星系円盤ガスの散逸の問題です。原始星の周りに原始惑星系円盤ガスが観測できるのは、その星が誕生してから一〇〇〇万年より若い場合に限られます。一〇〇〇万年以上経つと原始惑星系円盤ガスが散逸する。このことは、木星のような巨大ガス惑星は一〇〇〇万年以内に形成されなくてはならないことを示唆します。ところが地球型惑星の領域では、最終的な原始惑星が形成されるまで数億年もかかったことが示唆されます。こんなに長くかかったらガスが集められるのか、という問題が出てくる。ガスがまだ存在している間に原始惑星が形成され、その原始惑星が集まって固体から成る原始巨大ガス惑星が形成され、それが地球質量の一〇倍ぐらいの質量になったらガスが集まって巨大ガス惑星が生まれる、というシナリオを我々は想定しているのですが、本当にこうなるか、保証はどこにもないわけです。

たとえば粒子がガスの中を運動していると、粒子はガスの抵抗を受け、中心に落下していきます。一メートルぐらいのものは、一年というくらいの時間単位で太陽に落ち込んでしまう。基本的にはこれと同じ問題が地球ぐらいの大きさの惑星でも起きるのです。たとえばそういう惑星が一天文単位かそれ以内の位置でガスの中に放っておかれると、およそ一〇万年で落下してしまうことが指摘されています。木星軌道付近、五天文単位ぐらいのところに地球質量の一〇倍の原始惑星があったとすると、これまた同様に、ガス抵抗によって、やはり一〇万年ぐらいで落下してしまうことが指摘されています。

そこでいろいろアイデアが出されていて、実際には落ちていく過程でも大きくなると考えられるから、そこで周りのガスを集められる。地球の一〇倍くらいの質量の原始巨大ガス惑星に、周りのガスが重力崩壊して集まり、木星のような巨大ガス惑星ができますが、そのとき当然周りのガスは木星に掃き集められてしまいますから、その周囲に溝ができます。溝ができると、そのために落ち込まなくなることが考えられます。重力的な相互作用としては内側のほうが速く回っていますから、内側に近づくとはじき飛ばされますし、外側はゆっくり回っているので逆に押さえ込まれる。だからいったんできてしまえば、木星はガスのない溝の中に閉じ込められてしまうというわけです。こうして木星は誕生したと考えられていますが、ガスが乱流状態にあるとこの溝も拡散していくし、そもそも原始惑星系円盤ガス全体が乱流状態にあれば、内部にガスが落ち込んでいく。ですから部分的に溝ができても、ガス全体が落ち込んでしまえば木星も落下していきます。先ほど述べたようなガス抵抗を受けて落ちるメカニズムとは違いますが、惑星が落下するという意味では同じことが起こるわけです。この惑星の落下という問題が、太陽系で非常に悩ましい問題として指摘されていたのです。太陽系は実際に存在しているので落下などなかったはず、と我々が思っているだけで、ある初期条件を与えてすべての物理過程を考慮して計算したとき、「はい、見事に惑星系ができました」と、そんな形成モデルがあるわけではないんです。

「落下問題」の解決

しかし系外惑星系を考えると、逆にこの落下問題というのは都合がいい。太陽系の場合には五天文単位という遠いところに木星がありますが、系外惑星系のホット・ジュピターは中心の星のもっとずっと近くに位置しますね。太陽系標準モデルの枠組みでホット・ジュピターの形成を考えると、木星が落ちて内側に移動したと考えればいいわけです。ただ問題は、落下し続けると太陽に落ち込んでしまいますから、それが〇・〇五天文単位ぐらいのところで止まるメカニズムがなければいけない。この止まるメカニズムがあれば、太陽系起源論の枠組みを維持しつつ系外惑星系の理論が作れるわけで、どのようにブレーキがかかるかというモデルがいくつか提唱されています。

この辺の話は理論的にそれが証明されている段階ではなく、まだアイデア程度の段階です。そのアイデアの背景にあるのは、そうむずかしい物理ではありません。たとえば惑星が落下していくと、中心の星との間で互いに重力を及ぼし合って、両方とも変形します。このとき中心星の自転が速く、惑星の公転が遅いとどうなるか考えると、中心から惑星は引っ張られますね。

だから加速されて、それ以上落ち込まない。逆に自転が遅く公転が速いと今度は減速力が働きますが、自転と公転の関係でこれはブレーキにもなる。落ちていくと潮汐力は斥力になるので、ブレーキがかかる。要するに中心の星がどのくらいの自転をもつかによって、落下が止まる地点が決まることになります。

もう一つ、別のメカニズムも提唱されています。惑星が落ちていくと近づけば近づくほど大変な潮汐力が作用し、変形して熱くなりますから、惑星の表面からガスが蒸発する。公転運動の角運動量を考えると、質量が放出されると加速されますから、当然それ以上落ち込まなくなる。こういうことも考えられます。太陽系起源論の標準モデルの枠内で考えれば、惑星落下問題と何らかのブレーキメカニズムを組み合わせることによって、ホット・ジュピターは作れるということです。そうなると中心星のごく近傍で円軌道に近い軌道を描きますから、現在観測されているホット・ジュピターの説明にもなります。ただし、だとすると今度は逆になぜ太陽系はそうならなかったのか、という問題が生じるわけで、より普遍的な惑星形成論としてみれば調和的ではなくなる。

それからもう一つ、標準的な太陽系起源論とはまったく別の形成モデルも考えられます。中心の星の自転と惑星の公転が一致する、すなわち共回転するような領域には、ガスがありません。したがって中心の星の周りにはガスがなく、あるところからガスが拡がっているような原始惑星系円盤の構造が考えられるわけです。その場合、ガスの存在するいちばん内側の領域ぐらいに、塵が溜まることになる。塵の落下問題に関しては、前に説明しましたね。このようなガス分布の原始惑星系円盤の場合には、落ちてきた塵がガス領域の内側に溜まります。そこで塵が成長し、地球質量よりはるかに図体の大きな巨大原始ガス惑星が生まれ、ガスを集めて巨大ガス惑星が生まれるというわけです。これは太陽系起源論の標準モデルの枠組みではありませんが、巨大ガス惑星を作るメカニズムとしてこういうことも考えられています。

「スリングショット・モデル」その他

さらに、ホット・ジュピターだけでなくエクセントリック・プラネットの誕生に関しては、「スリングショット・モデル」という考えが提唱されています。巨大ガス惑星はその数が二つならその軌道が安定しているけれど、三つになると不安定になると前回話しました。三つになると軌道が交差するようになって、そのうち一個が弾き飛ばされ、これがエクセントリックな軌道になる。ただ、これが内側に弾き飛ばされると、潮汐変形によって軌道運動のエネルギーが失われ、遠点が小さくなってだんだん円軌道を描くようになる。このメカニズムで弾き飛ばされたエクセントリック・プラネットが、最終的に中心星から非常に近い地点を回るホット・ジュピターになる、という考えです。

エクセントリック・プラネットに関しては、最初から楕円軌道をもっていたとは考えにくい。原始惑星系円盤ガスは、もともと円軌道です。したがって形成される惑星も、最初は円軌道に近かったはずです。それが何らかの理由で楕円化していったはずで、そのメカニズムが三つほど考えられています。しかし、どれもまだお話程度の段階で、検証もされていません。

たとえば先ほど、溝の中に惑星が閉じ込められるという話をしました。この溝の中の軌道がどうなるかを計算すると、溝の中で円軌道を保つ理由はなく、円盤と惑星の重力作用の結果として楕円軌道になる。ですからこれも楕円軌道をもつ巨大ガス惑星形成のメカニズムとして考えられます。ただし、この場合楕円軌道という意味での離心率はそう大きくならない。せいぜい溝の内側と外側ぐらいのゆがんだものしか生まれません。

それから伴星重力モデル。伴星をもつ星の場合に考えられるモデルです。伴星をもつ主星の周りに、原始惑星系円盤が形成され、そこから惑星系が作られたとします。すると惑星系は伴星との重力相互作用を受ける。伴星の軌道と惑星の軌道が大きくずれていると、その軌道面の変化を戻していく過程で離心率が非常に大きくなるということが知られています。これは古在由秀さん——私が学生だった頃の天文の先生ですが、一〇年ぐらい前までは国立天文台の台長をしていました——その人が見つけたプロセスなので、古在メカニズムといいます。これを伴星と惑星系に当てはめると、軌道面傾斜角を調整する段階で非常にエクセントリックな軌道をもつ惑星が生まれてくる。ですからこういう形でエクセントリック・プラネットが生まれてくる可能性はあるわけですが、これもかなり疑問です。伴星がある星というのは、ごく限られているので、あまり一般的ではないからです。

これまで提唱されている中で、もっとも一般的かもしれないのは、「ジャンピング・ジュピター・モデル」です。このメカニズムは、三個惑星ができるとその軌道が不安定になるという、先ほど紹介した原理と同じです。三個のうち一個が放り出され、その過程でエクセントリック・プラネットもホット・ジュピターも形成される。これが現段階ではいちばん都合のいいモデルといえるかもしれません。

「系外惑星系」に関する問題は論文の宝庫？

ここまで話してきたように、太陽系起源論の標準モデルである惑星落下現象と、惑星の軌道安定性の問題を組み合わせることによって、系外惑星系の特徴のうち基本的なものは説明できるかもしれないと考えられています。一方で、標準的な太陽系起源論モデルを拡張してそのまま使うとどうなるか、という数値計算も行われています。太陽系の標準モデルでは原始惑星系円盤の質量を太陽質量の一％に固定していましたが、その値を一〇％とか〇・一％とか自在に変えてみる。実際、観測された円盤質量の分布を見ると、一～一〇％の間にピークのあるような分布をしています。

標準モデルで想定される過程を全部考慮して、どんな惑星系ができるか、数値シミュレーションをした例があります。東京工業大学の井田茂さんたちによるものですが、彼らがコンピュータで作った惑星系をすべて、軌道長半径と質量を縦軸と横軸とする図にプロットして、それを観測されている系外惑星と比較すると、調和的な結果になります。分子雲コアから星が生まれ、原始惑星系円盤ができ、そのなかで凝縮、集積が進行し、という太陽系起源論を、原始惑星系円盤の質量だけ変えるだけでも、説明できなくもないかもしれません。たとえば質量一〇%くらいでは、巨大ガス惑星ばかりが生まれてくる。もっと少なくして〇・一%ぐらいにすると、地球型惑星だけが形成される。実際に観測されている系外惑星が、こうして数値計算されたものと合うかどうか。将来これが検証されていくでしょうが、現在ではまだ何ともいえません。何度も述べるように、系外惑星系は最近ようやく発見された段階で、今日紹介したモデルも今後一つずつ問題をつき詰めて考えたら、全部ご破算になる可能性だってあるわけです。

私が博士課程の院生だった七〇年代前半は、太陽系起源論の標準モデルもなく、その叩き台が議論されていたような状況でした。系外惑星系の話というのは、今まさに当時のそれと同じような状況です。ですから皆さんにとっては、いい時代かもしれません。皆さんが大学院に進む頃の研究テーマが山のようにあるからです。博士論文が一〇〇くらい書けるかもしれません。

9時間目　地球の起源

粒子の落下問題

今日の講義は地球の起源というテーマです。起源については前回まで話してきた太陽系起源論の延長ですから、微惑星形成段階あたりから話を始めます。微惑星の形成については以前、粒子層の分離や粒子の落下問題などまだ解決されていない問題のあることを指摘したと思います。ただ、太陽系の天体に残されているクレーターの存在などを考えると、いずれにしても微惑星が形成され、その微惑星が集まって惑星ができるというシナリオは正しいだろう、と考えられています。微惑星の集積過程に関しては、二段階あるという話をしましたね。まず暴走的かつ寡占的に成長し、月とか火星サイズの天体ができて、それらがさらに成長して地球型惑星になるのだと。そのあたりを今日は少し詳しく話そうと思っています。

その前に、粒子の落下問題については、もう皆さんしっかり理解していますか？　何度か話したように、あるサイズの粒子は非常に短い時間で太陽に落ち込んでしまう。これはガス中での粒子の運動の抵抗則によるもので、極めて単純化していえば、小さい粒子は抵抗が大きすぎるからガスと一緒に運動するし、大きくなるとガスの抵抗をあまり受けない。だから中間サイズのものがいちばん影響を受けるということです。このように話をして、皆さんの反応を見ていると少し心配なんだけれど、どうしてかというと、意外と物理が判っていない人が多いことに気づいたからです。前回も系外惑星系の講義でドップラー偏移をどう観測するかという話をしたら、講義のあとに「よく判らない」という人が質問にきました。判らなかったら、その場で質問してほしい。

そこで心配なのでもう一回粒子の落下問題の説明をしておきます。粒子は太陽からの引力と遠心力とがつり合うかたちでケプラー運動してますよね。ガスの運動の場合、その他に圧力が働く。圧力は、たとえば理想気体だったら、pV＝nRTという関係が成立する。温度の関数になっているわけ。たとえば体積が一定だったら、当然温度が高いほうが圧力は高い。原始惑星系円盤は体積が一定というわけではないけれど、諸条件を考慮すると、温度の高い内側のほうがガスの圧力が高い。したがって、ガスはこの効果で、粒子よりゆっくり回れます。粒子の運動に比べれば、ガスのほうは同じ軌道上でもゆっくり回れるということは、粒子からするとガスの抵抗を受けるということです。すると粒子はエネルギーを失い落下していく。ここまではいいですか？　理想気体もケプラー運動も、高校の物理の内容ですから知ってますよね？　こういうことが判っていないと、前回までの講義で話したのは理解できていないはずで、これまでの講義で質問が出なかったのはどうしてかということになる。いい？　じゃあここでこれまでの講義の内容から一つ質問します。粒子の落下問題など問題があるとして、次の段階として薄い粒子層ができる。そこから微惑星はどうしてできるのか。誰か手を挙げて答えてくれる？

学生　何かの原因で粒子の密度が高くなったら集まっていきます。

松井　それは正しいんだけれど、本当に知りたいのは、ある密度より高くなる、その境界の値だよね。簡単にするため、ここに粒子の層の一部の塊ができたとするよね。その粒子の塊が力学的に安定しているとき、何と何がバランスしている？　ある塊をとったとして、その中の粒子だけを考えたとする。これらの粒子に対して、この円の中心に向かう重力は働いているから、他の力も働かないとこの円の中の粒子は安定しないでしょ？

学生　だから外側から引っ張る粒子の重力があって……。

松井　外側から引っ張る重力って何だ？　外の領域から重力で引っ張られるということ？

学生　そういうふうに解釈していました。

松井　今、簡単にするためこの塊だけを考えるから、外の粒子はないとする。たとえばこの領域内の粒子は粒子相互の重力と太陽からの重力と二つの力を受けていることになります。太陽からの重力がどう働くか。太陽に面した部分に働く太陽の引力と、逆側の部分の太陽の引力は同じ？（図21－A）

学生　違います。

図21　粒子層の安定性：微惑星の形成

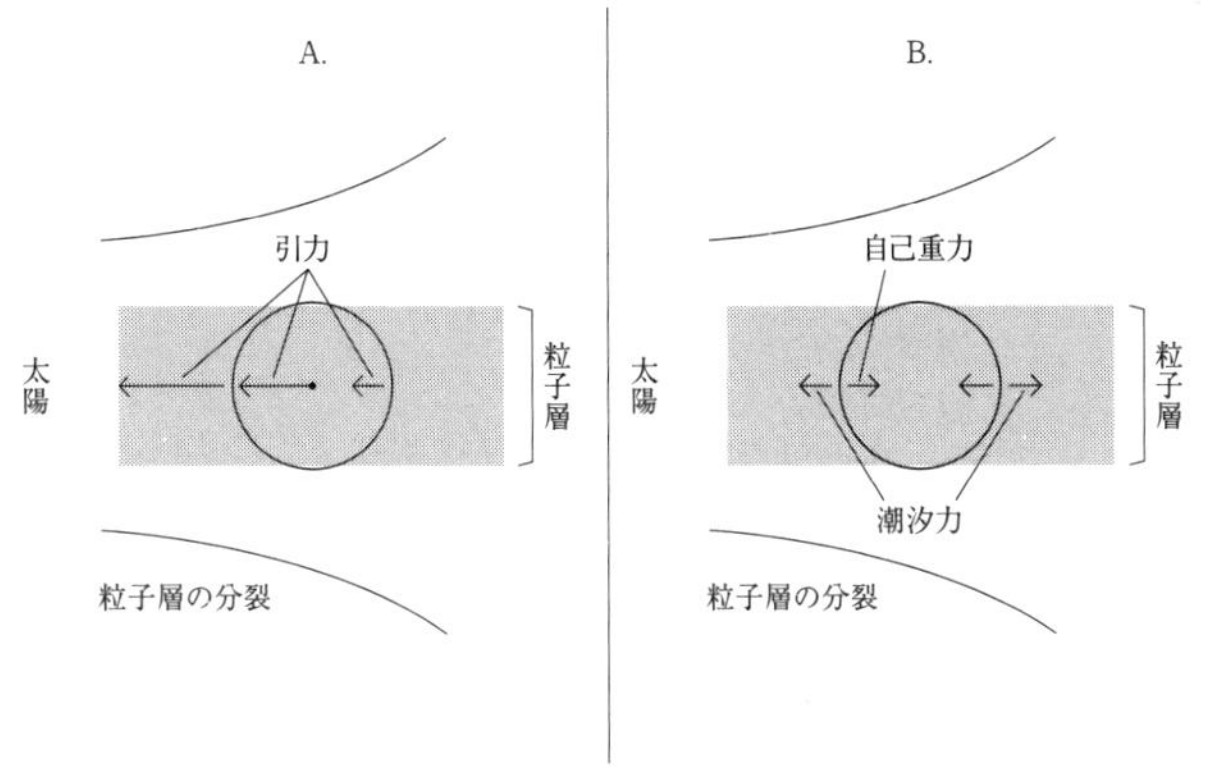

松井　違うよね。この場所の違いに起因する力を潮汐力というんです。太陽の引力というのは中心でも働いているから、中心での引力に対して相対的に考えれば、太陽に近い側と遠い側とで逆方向の引き裂くような力になっているわけだ（図21－B）。粒子が互いの引力で中心に縮もうとしているのに対して、太陽から潮汐力が働いてその重力とバランスしている。だから粒子層は重力的に安定なんです。ここで粒子層の密度がちょっと変わると潮汐力より粒子間の重力が勝って不安定になり、この領域の粒子が集まって微惑星が形成される。というのが粒子層の重力不安定に関

しての現象論的な説明です。物理的には、厳密にいえばまた違った説明になるんだけれど、高校までの物理で判るように話すと、こういうことです。加えて、実際にはこんなに単純ではなくて、ガスが乱流的な動きをしていたり、いろいろ複雑な問題が絡んでくるんだけれど、ここまでは判ったとして先へ進みます。

微惑星の暴走成長

微惑星ができると、そのあとは微惑星が集まって原始惑星が生まれ、原始惑星が集まって惑星が誕生する、というのが地球型惑星にとっての形成過程です。とくに最後の原始惑星の集積が非常に重要なプロセスです。というのは、地球型惑星ぐらいの質量の惑星ができても、そのくらいでは重力が十分ではなくて周りのガスを集められない。したがって地球型惑星の形成領域では、これが惑星形成過程の最後の段階になるからです。木星や土星の形成領域になると、このようにしてできる固体原始巨大ガス惑星の質量が大きいので、周囲のガスの重力崩壊という現象がありますが、地球型惑星にはありません。

地球軌道付近に生まれた微惑星がどのくらいの大きさになるかは、先ほどの太陽からの潮汐力と粒子相互の重力がつりあう時の密度を比較すると推定できます。だいたい10^{18}グラム（10^{15}キログラム）ぐらいになります。地球質量の一〇〇億分の一ぐらいです。ということは、一〇〇億個ぐらいの微惑星が地球軌道周辺にできると考えられます。一〇〇億個の微惑星が太陽の周りを回っているうちに衝突、合体して少し大きくなるものと、元のまま残るものが出てくる。質量の大きいものと小さいものに分かれてくる。すると小さいもののほうが、重力的な影響を受けて散乱されやすくなって、相対的に速度の差が生まれる。大きいもののほうが遅い。

その結果、小さい粒子と大きい粒子の間には、動的摩擦と呼ばれる粒子抵抗が生まれ、大きい微惑星のほうがより集まりやすくなります。大きい微惑星のほうの衝突断面積がより大きくなるので、どんどん成長し、小さい微惑星はそのまま取り残されるということです。これ以上詳しく説明するときりがないけれど、これがひとつ大きな微惑星が生まれると、それが暴走的に成長するメカニズムです。重力効果、力学的摩擦などによって、ある軌道範囲の狭い領域に分布する小さな微惑星が大きな微惑星によって掃き集められ、そこに一個だけ大きな天体が寡占的に成長するわけです。ここまでが微惑星集積過程の第一段階。暴走的寡占的成長の段階です。

この一個だけ生まれた大きな天体を、原始惑星と呼ぶことにします。数値計算によると、原始惑星の質量は月とか火星くらいです。微惑星が集まって原始惑星になるまでの時間は、一〇〇万年ぐらいですが、ある間隔をおいて原始惑星が生まれると、力学的には安定します。この後一〇〇万年経ってても状況はほとんど変わらず、たくさんの原始惑星が太陽の周りを回っている状況が続きます。しかし一〇〇〇万年以内にガスがなくなり、この状態で一〇〇〇万年、一億年経つと、原始惑星といえども互いの重力の影響を受けて散乱されるので軌道が交差し、新たな衝突が起こってくる。その結果、地球型惑星の領域では最終的には数十個の原始惑星から、数個の惑星が生まれてきます。これが微惑星集積過程の第二段階というわけです。

惑星系の誕生

以上のことは、すでに太陽系起源論の講義のときに話したことです。その数値計算について、もう一度説明しておきますが、たとえば地球軌道一天文単位付近の軌道に〇・〇一天文単位という小さい幅をとって、そこに微惑星をばらまく。といっても10^{18}グラムの微惑星をばらまいてしまったら数が多くて計算ができないので、もう少し大きなものを一万体ばらまいて、太陽の周りに回します。軌道はほとんど円軌道とする。〇から〇・一ぐらいの離心率を与えて計算を開始すると、二〇万年後には一個の大きな天体が生まれる。先ほど定性的に説明したように、小さいものは次第に散乱され離心率が大きくなっていくというのが、実際に数値計算でも確かめられます。

〇・〇一天文単位の幅ぐらいの狭い領域で計算すると、とくに大きく成長するのは一個だけですが、軌道の幅を〇・〇五天文単位くらいまで拡げると、大きな原始惑星が複数個できます。

このようなN体の数値計算から推測すると、だいたい〇・一天文単位ぐらいの間隔をおいて、原始惑星が複数個生まれるような状況が実現します。時間はというと、ここまで数十万年ぐらい。一〇〇万年くらいの時間を考えると、地球型惑星の領域で月とか火星サイズの天体が数十個生まれると推定されます。

この段階までは前に説明したGRAPEという計算機で計算できるんですが、ここから先、月、火星サイズの惑星が集まってさらに大きい惑星になるまでは、もっとずっと長い時間がかかりますから、同じ計算方法ではまだできません。その時間は、地球型惑星の領域にガスがどのくらい残っているかで異なります。ガスが残っていれば、一〇〇〇万年くらいで地球型惑星が形成されるという推定もあります。しかし、地球や月に残されているその形成年代に関する同位体データから判断すると、もっと長い時間がかかったと考えられます。ガスがない場合の原始惑星の形成過程の数値計算も行われているので、その結果も紹介します。それはまた別の人が開発した別の方法の数値計算コードを用いて計算されています。天体の数は少ないけれど、何億年という期間の軌道運動を精度よく計算できる方法です。たとえば月、火星サイズの惑星を〇・四天文単位から一・五天文単位ぐらいに数十個置いて、よーいドンで計算を始めると、長くても数億年以内に、三〜四個の地球型惑星が誕生する。条件を変えて計算すると、厳密には一致しないけれど、太陽系の地球型惑星に近い惑星をいくつも作ることができます。

図22　原始地球の成長曲線（ある数値計算を例として）

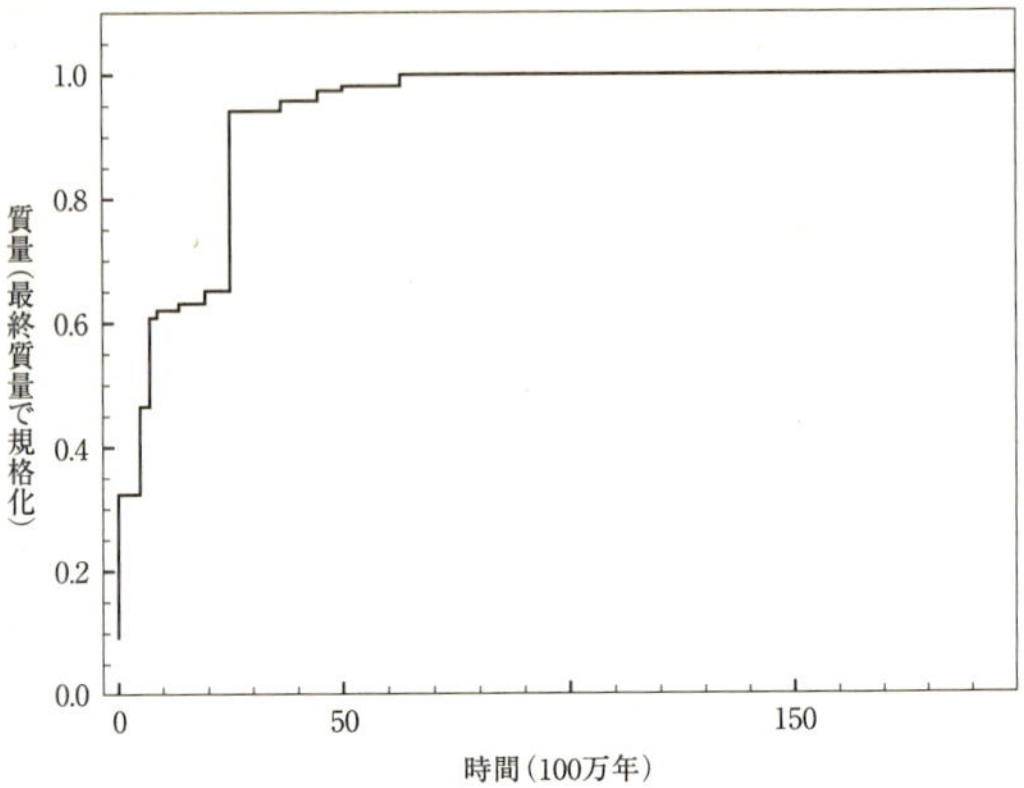

惑星の組成は何で決まるか

それぞれの軌道上に数個できる地球型惑星のうちの一個に注目して、その質量がどんな時間変化をして最終的な質量に到達するかという図を描くと、図22のようになります。成長曲線がぎざぎざしているのは、月や火星サイズの惑星が集積するので、質量の増加分は月や火星質量程度ということを反映しているわけです。この図で何が重要かというと、今日の講義の最後に紹介するお月さんの起源に関係するからです。原始地球に火星サイズの天体がぶつかり、地球が割れてお月さんが生まれたという話（ジャイアント・インパクト説）を聞いたことがあると思います。そういう状況が本当に起こり得るか。この図を見ると、まさにそういう状況に近い。

もっとすごい衝突が起こってもよい。地球型惑星の形成期にはジャイアント・インパクトが起こり得る、それがいつ起こるかは任意だけれど、原始地球に火星サイズの天体がぶつかることはあり得る、ということを示しています。

こういう計算をすると、惑星の自転の進化や、どの領域から材料物質を集めるかについても推定できます。たとえばこのような原始惑星の集積過程の数値計算を行い、最終的に生まれた惑星がどんな自転軸、どんな角運動量あるいは組成をもつか、それを我々の太陽系の地球型惑星、水星、金星、地球、火星と比較してみると、まったく同じではないが、似たような値になります。実際に銀河系の中で太陽系誕生と同じプロセスで惑星系ができたとしても、太陽系とまったく同じ配置、大きさの地球型惑星が生まれる確率は非常に低いけれども、似たような地球型惑星はいくらでもできる可能性のあることが示唆されます。

惑星の材料物質は現在の軌道付近にあったものが多いのか、それともまったく別の軌道のものが集積してくるのか。このようなことも調べられます。原始惑星はそれぞれの軌道上の材料物質を集めたものですから、このような数値計算から、どの軌道にあった原始惑星が最終的に、どの軌道に生まれた地球型惑星に、どのくらい集積したかを見ればいいのです。

たとえば水星軌道、金星軌道、地球軌道、火星軌道を中心にある幅をとったとき、材料物質の混合がどのくらい起きているか。たとえば内側のほうの軌道にある原始惑星と、外側のほうの軌道にある原始惑星がどの程度ミックスされているかを調べてみます。するとどの地球型惑星もある程度の割合でそれぞれの軌道の内と外の原始惑星を集めていることが判ります。なぜこんなことを調べるかというと、惑星の組成が何で決まるのかを知るためです。

たとえば水星の現在の平均密度から考えると、水星は地球に比べて鉄・ニッケル合金の量が圧倒的に多い。これはなぜか？　その説明として、最初に提案されたのは次のような考え方でした。ガスから鉱物粒子が凝縮してきますね。その凝縮温度は、内側のほうが高く、外側のほうが低い。鉄・ニッケル合金というのは温度が高いところで凝縮するから、それぞれの軌道付近のものだけ集めて惑星ができるなら、内側にある惑星ほど鉄・ニッケル合金が多くてよい。この考え方は、水星軌道にあった材料が集まって水星になり、金星軌道付近にあったものが集まって金星になったということです。すなわち、惑星の組成はその軌道によってもともと違っている、ということを示唆しているわけです。

ところがこの数値計算から、惑星の組成というのは最初の凝縮過程では決まらないということが示唆されます。惑星の組成は、別の軌道付近にあったものが集積過程でミックスされて決まるのかもしれないということです。つまり地球軌道にあった物質が選択的に集まって地球になったわけではない、ということです。

図23　太陽系で検出される放射性元素

親元素	娘元素	半減期（10^6年）
^{26}Al	^{26}Mg	0.73
^{40}K	^{40}Ar, ^{40}Ca	1270
^{53}Mn	^{53}Cr	3.7
^{60}Fe	^{60}Ni	1.5
^{87}Rb	^{87}Sr	48,800
^{107}Pd	^{107}Ag	6.5
^{129}I	^{129}Xe	15.7
^{146}Sm	^{142}Nd	103
^{147}Sm	^{143}Nd	106,000
^{176}Lu	^{176}Hf	35,700
^{182}Hf	^{182}W	9
^{187}Re	^{187}Os	41,600
^{190}Pt	^{186}Os	450,000
^{232}Th	^{208}Pb	14,010
^{235}U	^{207}Pb	704
^{238}U	^{206}Pb	4469
^{244}Pu	Fission Xe	80

地球の誕生はいつか？

以上、地球や地球型惑星がどのようにして誕生するかについて話してきましたが、では次に、いつ頃地球は生まれたのか、このテーマについて考えてみます。惑星の形成年代はどうやって知ることができると思う？　まず何を使って調べるか？

学生　放射性元素の半減期を調べます。

松井　半減期を調べてどうする？

学生　半減期をもとにして、あとはどれくらい残っているかを見れば年代が判ります。

松井　その通り、それが答えです。

放射性元素はある時間が経つと壊れて、別の元素に変わっていきます。もとの放射性元素を親元素、壊れて変わったものを娘元素と呼びますが、親元素が半分に減るまでの時間を半減期といいます。たとえばウランとかトリウム、カリウム40など、いろいろな放射性元素がありますが、それぞれ固有の半減期をもっていて、隕石のなかに残されている放射性元素には、その半減期が数百億年という長いものから何十万年という短いものまであります。その親元素の最初の量と半減期が判っていれば、現在の親元素、娘元素の量を測ることで何年経過したかが求められる。

　これは隕石のところでも話しましたね。隕石は鉱物粒子の集まりですから、それぞれの鉱物粒子について、ある種類の放射性元素を測定すると、それぞれの放射性元素に基づくこの鉱物粒子の生まれた年代が判ります。前にも述べましたが、我々の手にしている太陽系天体試料の中で、いちばん古い年代をもつのはアエンデ隕石です。その隕石の中の白色包有物が誕生したのは四五億六六〇〇万年ぐらい前です。この年を太陽系が生まれた年として、太陽系元年としています。これも以前話しましたね。

　四五億六六〇〇万年前から七〇〇万年ぐらい経つと、エコンドライトという隕石が生まれます。以前に説明しましたが、隕石には、コンドライトとエコンドライトがあります。コンドライト隕石にはコンドリュールという物質が含まれていますが、エコンドライトには含まれていない。なぜかというと、エコンドライトはもとの隕石が融け、その後形成された第二世代の隕石だからです。そのときコンドリュールも融け、改めて固化した際、その情報が失われたからです。第一世代の隕石が別の隕石として生まれ変わることもあるわけですが、そのような事件が起こったのが最初の隕石が誕生してから七〇〇万年ぐらい後だというようなことも判るわけです。

コンドライトにもいろいろ種類がありますが、その種類によってどのくらいの時間差をおいて生まれたかというようなことも判ります。さらにいえば、コンドライトが融けると中に含まれている鉄・ニッケルなど重い金属は沈み、それ以外は浮かび上がって重力分離が起こりますが、このような分化がいつ起こったかも判る。放射性元素の中には、親元素は鉄と結びつきやすいが、娘元素は岩石に入り込みやすいようなものもあります。前者を親鉄性元素、後者を親石性元素といいますが、このような放射性元素を用いると、鉄・ニッケル合金から成るコアがいつ生まれたか、鉄・ニッケル合金が抜け落ちた岩石のみから成るマントルがいつ生まれたかが推定できる。すなわち、コアとマントルがいつ分離したかが判ることになります。

では地球はいったいいつ生まれたのかというと、実際には、あまりはっきりしたことはいえません。一般には四五億五〇〇〇万年ぐらい前だろう、といわれています。地球の誕生時期に関しては、いろいろな方法で推定できますが、数千万年ぐらいの差が出てきます。なぜかというと、地球という天体は巨大だからです。たとえばアエンデ隕石なら、小さな岩石のようなものですから、それぞれの鉱物粒子の形成年代が個々にはっきり決められ、それらの違いはさほど大きくありません。ところが地球にある岩石を調べようと思ったら、何年前のものから何十億年前のものまである。そのうちのいちばん古いものといっても隕石よりずっと若いですから、それが地球の形成年代と考えることはできない。たとえば現在までに発見されたいちばん古い岩石の年齢は四〇億年くらい前のものです。鉱物の場合には四二億年くらい前のものがあります。

そもそも地球の誕生したときというのは、何を意味するのか？　これが問題です。大気が生まれたときとか、コアとマントルに分かれたときとか、現在の大きさになったときとか、地球誕生に関わるイベントはものすごくたくさんあります。だから、どの段階を地球が生まれたときとするか、という議論からまず始めなければならないわけです。

各イベントに関して推定される年代を放射性元素を用いて決定して、それらを足し合わせて、地球が大気、海、地殻、マントル、コアに分化するまでの期間を計算すると、だいたい一億二〇〇〇万年ぐらいかかります。先ほどガスがない場合の数値計算を紹介し、原始惑星から地球誕生までおよそ一億年といいましたが、オーダーとして見事なくらい合っていますね。地球が現在と似たような構造になるまでに、一億年ちかくもかかっているわけです。個々の過程を列挙せよといわれたら、君たち想像できる？　物質科学的な見地から「地球誕生は、太陽系のカレンダーがスタートしてから一億年後くらい」という見解が提出されたのは一九九五年頃でしたが、数値計算からも同じような結果が出されたのは、二〇〇〇年以降のことです。

月の起源

では最後にお月さんの起源について紹介します。これは地球の起源がいつかよりはっきりしています。月は四五億年前には生まれていました。なぜこれが判ったかというと、お月さんから持ち帰った岩石の放射性元素による年代が測られたからです。月の岩石の中でいちばん古いものは、約四五億年前のものであることが判った。お月さんがこのとき生まれたというわけではありませんが、お月さんの地表でいちばん古い岩石が生まれたのが四五億年前。だからお月さんは、このときすでに生まれていたと結論されます。

先ほども述べたように、我々が現在知っている地球上の岩石でいちばん古い岩石は、約四〇億年ぐらい前のものです。したがって地球の誕生は四〇億年より前ということは判るけれど、お月さんの岩石のように、四五億年くらい前のものはまだ発見されていません。四〇億年以前のことを記録した古文書がないので、地球の誕生の時期はまだはっきりしないわけです。

ではお月さんはどうやって生まれたか。数値計算ではなく、物理的な証拠に基づく議論としては、地球・月系の角運動量に基づく議論があります。お月さんの公転の角運動量に地球の自転の角運動量を加えると、地球・月系の角運動量は他の惑星の自転角運動量に比べて大きいことが判ります。金星とか水星は太陽に近いため、太陽の潮汐力を受けて角運動量が変化してしまいますから、金星や水星とは比較できません。たとえば火星と比べると大きいことが判ります。地球とか火星ぐらいの軌道距離では角運動量は、太陽の潮汐力では大きく変化しません。金星、水星は先ほど述べたような理由があってその規則性からははずれますが、太陽系の惑星に関しては一般に、その自転角運動量がある種の規則にしたがって変化することが知られています。その規則性と比較して、地球と月系の自転角運動量は大きい。この大きいということが問題です。角運動量というのは、保存される物理量ですから、潮汐摩擦のような散逸メカニズムがあれば減少しますが、普通は変化することがないんです。とくに大きくなることはない。地球・月系の角運動量が大きいのは、外的な影響で余分の角運動量が付与されたとしか考えられません。したがって原始地球に、どこか遠くにあった他の天体がぶつかり、余分の角運動量を付加したのではないか、とは昔からいわれてきましたが、一九八〇年代までは具体的にはよく判っていませんでした。

ジャイアント・インパクト仮説

地球と月の角運動量の具体的な説明として、一九九二年に提出されたのが、ジャイアント・

インパクト説です。この年ハワイのコナ島で月の起源に関する会議があって、そこで初めて地球に火星サイズの天体をぶつけるというモデルが提唱されたのです。じつはこれからの話は、すべてこのモデルに発端があります。九〇年代の初め頃は、今この講義で紹介したような地球の形成過程については、まだ闇の中でした。当時は微惑星の集積にしても、二段階説ではなく、一段階と考えられていました。つまり直径一〇キロメートルくらいの微惑星が集まって直径一万キロメートルを超える地球ができたという考え方です。ところがこれだと地球に集まってくるのは小さい微惑星ばかりで、火星サイズの天体なんてぶつかりようがない。この当時は、地球の起源論とお月さんの起源論とは矛盾していたわけです。その矛盾を解消するために、この講義で何回となく紹介してきた集積過程の細かな数値計算が行われるようになったのです。その結果、地球の形成末期には火星サイズの天体の衝突が起こり得ることが示されたのです。今回の講義の話はほとんどすべて、二〇世紀最後の数年から現在までにかけて考えられたことです。

では、原始地球に火星サイズの天体をぶつけたらどんなことが起こるか。こうしたジャイアント・インパクトの数値計算は、一九九五年頃から行われるようになったのですが、ここで紹介するのは二〇〇四年に行われた数値計算です。地球に対して火星サイズの天体が斜め上からぶつかったとき、温度はどうなるか、破片はどう吹き飛ばされるかを時間的に追いかけた結果を見てみます。正面衝突だと地球・月系の角運動量の説明にはならないので、互いの中心がずれた方向の衝突にして余分な角運動量を与えるようにしています。そのために破片が周囲の空間に飛び出して、地球の周りを回るようになります。

温度変化を時間的に追った結果を見ると、地球の温度は衝突の瞬間ものすごく高くなることが判ります。破片の分布をよく見ると、密度波みたいな構造が作られています。地球の周りには破片だけではなく、温度が非常に高くなるため蒸発したガスが再び冷えて凝縮し、その後お月さんの材料物質になるものもできる。ちょうど太陽の周りを微惑星が回るのと同様な状況が実現するわけです。最近では、このお月さんの材料物質がどう集まるかという計算も行われていて、一〇〇年ぐらいでお月さんになることが示されています。

今日は地球の起源に関わる話をしましたが、時間がきたのでここでやめます。続きはまたということで。

10時間目　天体衝突と地球の進化Ⅰ

月のクレーター

前回は月の起源に関して「ジャイアント・インパクト」という仮説が登場したところまで話しましたね。お月さんについては五回目の太陽系天体に関する講義でも紹介しましたが、ここでもう一回その重要なポイントを紹介しておきます。月の探査から判った重要なことは二つあります。一つはクレーターの起源に関してです。月面で最初にクレーターを発見したのはガリレオでした。天体望遠鏡を発明したガリレオが、それを使ってお月さんを見たら、丸い穴ぼこ地形がいっぱい見え、それにクラテール(cratère)と名づけました。それ以来クレーターの正体について論争が巻き起こり、一八世紀までは火山の火口だという説が有力でした。衝突によってできたという説も当時からあったことはあったのですが、圧倒的な多数意見は火山の火口説でした。ところが二〇世紀になると、クレーターは火山の火口跡とは違うのではないかという説が少しずつ優勢になってきました。

隕石が地球の外から飛んできた物質だということが、世の中に広く流布されるようになったのが一九世紀の末です。これには面白い逸話があります。一九世紀初めのアメリカ大統領ジェファーソンが「隕石が空から飛んできたなんて、頭のおかしな学者がとんでもないことを言っている」と公言しています。それぐらい、当時はこれが突飛な説だったわけですが、その後隕石の研究が進み、また地球上の天体衝突の跡の野外調査や、天体衝突を再現する室内実験が行われるようになり、月探査の前には隕石衝突説の信憑性《しんぴょうせい》が高まっていました。二〇世紀に入っても、クレーターが火山跡か隕石の衝突跡かで論争が続いていたのですが、この論争に決着をつけたのがアポロ探査の大きな成果のひとつです。

クレーターが天体衝突の跡だとどうして判ると思う？　天体が超高速でぶつかると衝撃波が発生し、その通過にともない高圧が発生します。鉱物がその高圧を受けると、結晶構造が変わります。この高圧相の鉱物というのが、お月さんから持ち帰ったサンプルからいっぱい見つかったわけです。たとえば珪酸（SiO_2）の低圧相が高圧を受けて別の構造になったものなどが見つかったことで、月のクレーターは衝突によってできたものだと判りました。

その後クレーターは、月だけでなく固体地表をもつ天体のどこでも卓越した地形であることが判り、太陽系天体の起源と進化には、天体衝突が深く関わっていることも、明らかになりました。これが一九六九年から七二年ぐらいにかけてのことですが、その頃私もちょうど大学院に進学したばかりの院生だったので、当時はこういうニュースに興奮していたわけです。

月の斜長岩

アポロ計画で判った重要なことはもう一つあります。お月さんの写真を見ると白っぽい部分と黒っぽい部分がありますが、白っぽく見える部分を高地、黒っぽい部分を海と呼んでいます。この二つの部分を構成している岩石はまったく違うことが判りました。これはお月さんから三〇〇キログラム近い岩石サンプルを持ち帰って、調べた結果判ったことです。前にも話したので簡単に述べますが、高地を形成しているのは主として斜長岩で、海の部分は玄武岩という岩石でできている。玄武岩は地球でもハワイとか、浅間山、三宅島など火山地域に見られる岩石です。斜長岩のほうは、カルシウムやアルミニウムを多く含む斜長石という鉱物が主成分の岩石です。

この地表の岩石相の違いは単に地表に留まるのでなく、その下の構造も高地と海では違うこともその後判ってきました。アポロ計画は、母船が月の赤道面を回り、着陸船に乗って人類が地表に降りましたが、その後極軌道を回るクレメンタインなどの探査で、月面全域にわたってさまざまなデータが得られています。月の公転と自転は一緒ですから、地球上からお月さんを見ている我々にとって、いつも同じ面しか見えませんね。ところがお月さんは表側と裏側では様子がまったく違っています。裏側には海がほとんどない。

月の地殻の厚さは海と高地で異なります。というか、海の多い表側と高地から成る裏側とで異なります。海に相当するところで四〇キロメートルぐらい、斜長岩で構成された高地は八〇キロメートルから一〇〇キロメートル近いところもあります。平均的には六〇キロメートルくらいです。あるいは重力場を調べて、大きなクレーターには重力的にプラスの異常があることも判りました。また地震計による観測で、お月さんの内部構造もある程度求められています。ある程度というのは、月にコアがあるのかないのか、あるとしたらどのくらいの大きさかはまだ判っていないからです。

詳細に紹介しているときりがないのでここまでにしますが、こういった探査結果を総合して、研究者がいちばん関心をもったことは何かというと、斜長岩から成る高地の地殻の形成過程です。地球には玄武岩から成る地殻はあるけれど斜長岩から成る地殻はなくて、その代わり主として花崗岩から成る地殻、大陸地殻があります。お月さんの場合、この斜長岩地殻の起源を調べていくうち、比較惑星学においてもっとも重要なマグマオーシャン仮説が登場したのです。

マグマオーシャン仮説

お月さんの平均密度は一立方センチメートルあたり三・三四四グラム、表面にどんな元素がどのように分布するかもわかっている。これらの情報から月の化学組成が推定できます。また、月の岩石を融かしたらどんな鉱物がどんな順番に析出するか、実験をすれば確かめられる。これらの情報をもとに、月の地表付近三〇〇キロメートルが完全に融け、それがその後冷えたらどんなことが起こるのか推測することができます。最初に析出してくるのはカンラン石です。

次に輝石と呼ばれる鉱物。カンラン石と輝石は、マグネシウムとか鉄に富んでいて、玄武岩を作る主な鉱物ですが、斜長石はこの二つの鉱物の析出後に析出してきます。高温で析出するカンラン石とか輝石に含まれるのはマグネシウムの酸化物が多く、鉄の酸化物は少ない。そのため斜長石が析出する頃には、マグマの海の残りの液の中には鉄分が濃集し、斜長石よりその密度が高くなります。そこで斜長石は地表に浮かび上がり、地殻を形成する。斜長岩地殻の形成はマグマオーシャンが存在すれば説明できることがわかりました。

なお、マグマオーシャンの冷却によって形成される内部構造は、月の地震波から求められる内部構造とほぼ一致します。最初に析出してくるカンラン石は、融けている部分の液密度と比較すると重い。そのためカンラン石は液の中をどんどん落ちて沈殿し、いちばん下にカンラン石から成る層ができます。温度が低下しカンラン石の析出が減ってくると、また別の鉱物が結晶化してくる。これが輝石ですね。輝石も液に比べれば重いので下に落ちて、カンラン石から成る層の上にカンラン石と輝石が一緒になったような層ができます。ちなみにカンラン石と輝石の割合が変わると岩石の名前が変わります。いちばん下の層はダンカンラン石層、次の層はハルツバージャイト層と呼ばれています。

その後、最後に析出してくるのが斜長石です。融点が低い鉄のような元素は、液の中に多く残り、液の密度が少し高くなります。それに対して斜長石は珪酸とカルシウム、アルミニウムの酸化物ですから軽い。このため斜長石は液の中から浮かび上がり、地表付近に集まり斜長岩の地殻になる、という結晶分化過程が月の化学組成と実験岩石学から推定できます。これは地表から三〇〇キロメートルぐらいの構造を地震学的に求めた結果とも、非常によく一致するわけです。以上のような研究から、お月さんができたときには、表層三〇〇キロメートルから四〇〇キロメートルぐらいがどろどろに融けていた、と考えられました。これが月探査の結果、提唱されたマグマオーシャンの概念です。

こうした過程についてさらに詳しく判ってきたのは、化学的な分析機器の精度が格段によくなった九〇年代以降です。たとえばそれまで一億分の一のオーダーでしか量れなかったものが、一〇〇億分の一ぐらいの精度で量れるようになって、同位体にしてもまったく新しい方法による細かい分析ができるようになってきました。

一つ重要なことを言い忘れました。月の高地を構成する斜長岩はすべて古い。四五億年とか四三億年前にできている。一方、月の海の玄武岩はもっと若い。といっても三九億年とか三八億年、もっとも若いもので三二億年くらいですから、これらの岩石の成因をあわせて考えることで、お月さんができてから一〇億年ぐらいの間にどんなことが起こったのかが判るということです。地球の場合には、最古の岩石が存在する四〇億年前の岩石以降しか情報が残されていないわけですから、お月さんの情報がいかに重要か、またそれが地球の成り立ちや歴史を考えるうえで参考になることが判ると思います。

月の情報から判った地球の進化

次に、お月さんの岩石情報から推定される地球の進化について話します。地球はコア、マントル、地殻に分化していて、その上に海と大気がある。これらはその構成物質がみんな違います。大気は基本的に窒素が主成分。海は水、地殻はというと岩石の中でも珪酸の多い物質です。玄武岩、あるいは花崗岩という岩石は、主としてマグネシウムと鉄の酸化物プラス珪酸ですが、珪酸の割合が五〇％以上です。それに対してマントルの物質には珪酸が少ない。ということで、地球の進化で何が重要な問題かというと、こういう成層構造がいかにして生まれたかということです。

このように均質なものから物質が分かれてくることを分化といいます。固体状態の中で物を移動させることはほとんど不可能です。したがって分化するためにはもとの物質の融解が必要です。そのためには、何か熱源がなければいけない。そこで考えられるのは、お月さんの進化で登場したマグマオーシャン仮説。地球の場合も、かつて融けていた時代があったのではないかと考えられます。

ちなみに現在の地球で融けている部分はどこにあると思う？　そう、外核ですね。溶岩が噴出してくるのでマントルが融けていると思っている人がいるかもしれないけれど、マントルは固体です。一部で部分的に融けていますが、それはほんの一部です。地球の中で液体状態にあるのはコアの外核だけです。ただし、かつては表面付近が融けていて、マグマオーシャンができていた時代があったと考えられています。マグマオーシャンがあれば、月の地殻に関して話したように分化は簡単です。

たとえばマグマオーシャンの中に鉄・ニッケル合金があれば、鉄・ニッケル合金は重いから最初に沈んでコアになる。その後月のマグマオーシャンで説明したようにカンラン石、あるいは輝石を主成分にするような岩石が沈むわけです。マントルがカンラン石や輝石みたいなものでできているだろうということは、前に話しました。表面付近は、マントル物質よりは珪酸成分に富む玄武岩がおおい、原始地殻となった。マグマオーシャンを考えればいちばん中心に重いものがあって、その上に次に重いもの、さらにその上にその次に重いものと密度順に成層構造ができることは容易に説明できます。

重力ポテンシャル・エネルギー

問題は、マグマオーシャンができるのかどうか、エネルギー論的な問題になります。まず、地球のエネルギー源としてどんなものが考えられるか？　もちろん表面付近には太陽からの放射エネルギーがあります。地球内部には、いくつかの熱源があります。一つには地球形成期に解放された重力ポテンシャル・エネルギーが、内部に熱として蓄えられたエネルギーがある。地球は一個の天体ですが、その材料物質は太陽の周りに円盤状に分布していた。それが集まってできた。この材料物質がばらばらに分布していたときと、一個の天体として集まったときでは、その重力ポテンシャル・エネルギーが違う。遠くにあった物が集まってくる（形成される天体の地表から見れば落ちてくる）わけですから、ばらばらに分布していたときの状態のほうが、重力ポテンシャル・エネルギー的には高く、一個に集まったときのほうが低い。重力ポテンシャル・エネルギーは

$$E=-G\int_R^\infty \frac{M(r)}{r}dM(r)$$

です。詳細はここでは説明しませんが、個々の微少量に関するポテンシャル・エネルギーを無限大から天体半径まで積分すると、その天体の重力ポテンシャル・エネルギーが計算できます。

形成された地球の密度を一様だと簡単化してこれを計算すると、重力ポテンシャル・エネルギーは

$$E=\frac{3}{5}\frac{GM^2}{R}$$

となります。地球に限らず、天体の半径と質量が判ればこの量は計算できます。地球の場合、そのエネルギーがどれくらいになるかというと、約10^{32}ジュールという大きさです。このエネルギーを地球の材料物質すべての加熱に使ったとしたら、二万℃近い温度になります。この計算には材料物質の比熱とか密度とかの物性を与えなければならないので、それは適当な値を選んで計算した結果ですが、ともかく膨大な量の熱エネルギーが地球誕生のときに解放されるということになります。

次に他のエネルギー源としてどのようなものがあるかを見てみます。これまでの話は太陽系の中でばらばらに分布していた物体が集まってくるときの話でしたが、いったん地球として集まった後も、マグマオーシャンの中で鉄・ニッケル合金が沈んだりして、物質の新たな移動があります。その移動によっても、やはり重力ポテンシャル・エネルギーは解放されます。先ほど密度が一様な球の重力ポテンシャル・エネルギーというものを計算しました。次に密度が一様ではない現在の密度構造に相当する球について、つまり現在の地球のように、中心になるほど密度が高く、表面に行くほど密度が低くなるような密度分布に対して重力ポテンシャル・エネルギーを計算する。こうして求められたものの差を計算すれば、地球形成後に物質が移動した結果、解放された重力ポテンシャル・エネルギーが計算されることになります。先ほど、密度一様としたときの地球の重力ポテンシャル・エネルギーは、GM^2/Rに〇・六という係数がかかっていました。現在の密度構造について計算するとその係数は〇・〇六八という値になります。つまり地球がコアとマントルと地殻に分かれるときに解放される重力ポテンシャル・エネルギーは、地球ができるときに解放されたそれの約一〇分の一ということです。したがって10^{31}ジュールぐらいですね。全体の温度上昇分でいえば、地球ができたときに二万℃だったら、こちらは二〇〇〇℃ぐらい。

こうした推定から判るように、重力ポテンシャル・エネルギーというのは、ものすごいエネルギー源なわけです。ただし、分化の際に解放される重力ポテンシャル・エネルギーはそのすべてが内部に熱として蓄えられますが、地球形成時に解放される重力ポテンシャル・エネルギーはそのすべてが内部に蓄えられるわけではありません。その詳細を推定するには形成過程の熱史を数値計算するなどが必要ですが、これまでのそのような計算によると、だいたい一〇～二〇％程度が内部に熱として蓄えられます。

原子力エネルギーなど

では、それ以外にどういうエネルギー源があるかというと、次に考えられるのは原子力エネルギーです。地球内部には放射性元素がいっぱい含まれています。これが崩壊するとき解放されるエネルギーがあります。これも計算の詳細は省きますが、熱源となる放射性元素としては、ウラン238とかトリウムの232、カリウムの40などが重要です。これらの放射性元素が崩壊して、地球の歴史、四五億年くらいの間にどれぐらいの熱を出すのか計算すると、オーダーとしてだいたい10^{31}ジュールです。先ほど紹介した分化のエネルギーと同じぐらいの熱が、地球内部で発生します。

ただし、注意しなければいけないことは、総量としては同じくらいでも単位時間当たりに解放されるエネルギーという意味でいくと、放射性元素の発熱量は四五億年で割った値になります。分化や集積の期間が一億年だとしたら、総量が同じでも単位時間あたりのエネルギー密度としては、分母が五〇倍くらい違ってしまう。総量は分化のエネルギーと同じでも、エネルギー密度という意味では五〇分の一程度の寄与しかないということになります。

その他にはどんなエネルギーが考えられるかというと、じつは地球も仕事をします。どういう仕事かというと、縮むという仕事です。集まって一個の天体になったときはスカスカしているけれど、その後自己重力で縮む。材料物質で考えると地球の平均密度は一立方センチメートルあたり四・一グラムぐらいしかないわけですが、平均密度が一立方センチメートルあたり五・五グラムになっているということは、そのぶん縮んでいるわけです。その縮むときになされた仕事を計算すると、やはり10^{31}ジュールくらいあります。これは要するに、断熱圧縮で温度が上昇するようなものです。

地球に蓄えられたエネルギー

もう一つコアの形成にともなうエネルギーの出入りが考えられます。それは化学反応にともなうエネルギーで、反応がどちら方向かで、発熱か吸熱かが異なるので、熱源になるのかあるいは逆に熱の吸収になるのかはコアの形成過程次第ということになります。コアは鉄・ニッケル合金で、金属です。それに対して、岩石中には鉄の酸化物があります。酸化還元状態が違いますね。するとたとえばマントル中の酸化物が還元されてコアができるときには、この酸化還元という化学反応が関与することになります。酸化物が還元されて金属鉄として落ちたとするならば、還元に要する化学エネルギーが必要です。還元反応というのは吸熱反応です。これは判る？　化学の基本なんだけれど、判らない？　君たちは何で生きていられるの？　呼吸をするからだろう？　呼吸というのは酸素を体内に取り入れて、体内の物質を酸化することでしょ。それはものを燃やすことと同じだろう。そのときに発熱するから、そのエネルギーを使って我々は活動することができるわけだ。酸化反応というのは基本的に発熱反応、還元反応というのは吸熱反応です。

ということは、もしコアが、炭素とかの還元剤が存在し、鉄の酸化物が還元されて形成されたのなら、鉄の酸化物が金属鉄に変化するとき、熱を吸収したはずです。それがどのくらいかというと、やっぱり10^{31}ジュールぐらいです。というふうに熱の出入りの総量が計算できる。総量をおさえると、物事は判りやすいでしょう。総量で比較しても、時間単位あたりのエネルギー密度で比較しても、重力ポテンシャル・エネルギーはものすごく大きい。総量で一〇倍、関与する時間が五〇分の一ですから、エネルギー密度でいえば一〇〇倍以上になってしまいます。

　したがって、エネルギー論的に地球の歴史を考えるとき、まず何を考えなければならないかというと、地球が重力ポテンシャル・エネルギーのどのくらいを内部に熱として蓄えたかという問題です。分化のエネルギーは地球の形成後に地球内部で起こることなので、必ず10^{31}ジュール発生してそのまま熱源になったはずです。ところが地球ができるときに解放される何万℃という加熱に相当するエネルギーは、地表付近で解放されますから、そのあとすぐに宇宙空間に放射で失われてしまう。放射で失われる量というのはステファン・ボルツマン定数をσとすると、σT^4です。一方、地表物質の加熱分はというと、Tに比例します。物質の比熱（c）に温度上昇分δTを乗じたものが熱として蓄えられる分です。放射で失われる量はTの四乗、蓄えられる量はTの一乗だから、圧倒的に放射量が効くわけだよね。

　だから七〇年代までの常識は、地球ができるときの重力ポテンシャル・エネルギーは膨大だけれど、放射としてほとんど失われてしまうから考えなくてもいい、というものでした。つまり地球が誕生したときは冷たく、それがその後、放射性元素の崩壊でだんだん暖められてコアやマントルが生まれた、という考えが当時の常識だったのです。ここで、お月さんの探査の結果明らかにされたマグマオーシャンの概念の重要性が判りますね。月の探査でこの古い常識が覆された。今までのことをご破算にして考え直す、ということが実際起こったのです。

ではこの重力ポテンシャル・エネルギーのどのくらいが実際地球に蓄えられるか、たとえば次のような単純なモデルを考えてみましょう。お月さんでも惑星でもいいけれど、地表のある厚さ δr の部分に微惑星が集積して重力ポテンシャル・エネルギーが解放されるとします。そのうち表面から輻射で失われるのは、地表温度をTとすると σT^4 です。集積した δr の部分の加熱に用いられるのは、その部分の質量を δm とすると、それに比熱c、温度上昇分 δT を乗じた $c\delta m\delta T$ ですね。それから、熱伝導率をkとして地表付近の温度勾配を $\delta T/\delta r$ とすると、それらを乗じたものが、内部へ伝わっていく熱です。これらが地表で解放された重力ポテンシャル・エネルギーとつりあう、これが七〇年代初めに行われた計算ですが、お月さんについての結果を示したのが図24です。縦軸が温度、横軸が半径です。ソリダスというのは融け始める温度、リキダスというのは物質のすべてが完全に融ける温度です。月の誕生直後の内部温度分布と思ってください。マグマオーシャンという状態が実現するためには、お月さんの形成時期が短くなければならないことが判ります。時間がかかりすぎると、放射で失われる熱量が多すぎて、加熱されませんからね。必要な誕生期間はどれくらいかというと、だいたい一〇〇〇年。

図24　月の誕生直後の内部温度の分布（形成年代を仮定して）

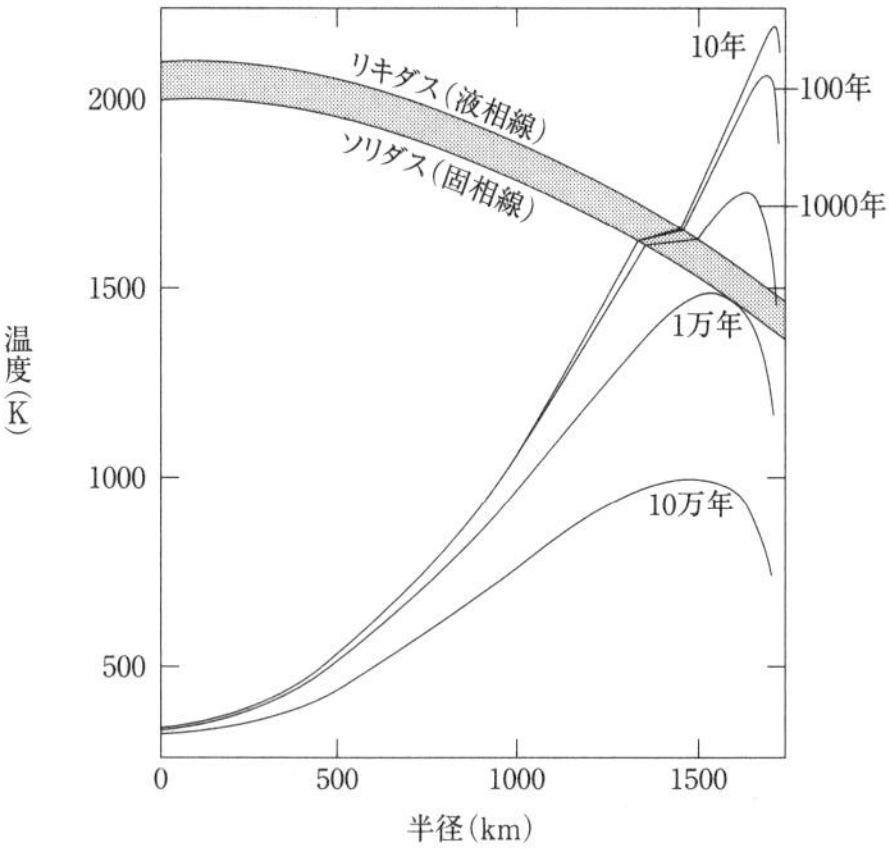

ただ、ここで紹介したのは七二年頃、私が当時の研究をまとめて学会誌に発表したもので、ジャイアント・インパクトという考えがまだなかった時代のものです。最近のジャイアント・インパクト説で周りに飛び散ったものが集まって月になるという仮定で数値計算すると、お月さんはおよそ一〇〇年でできますから、マグマオーシャンが形成されることは確かです。

次に同様なことを地球について計算するとどうなるかについて話します。これは八六年に「ネーチャー」誌に発表したものです。七二年頃は地表が真空という前提でしたが、地表が真空でなく大気があると放射率が一でなくなります。そこでそれをεとすると、放射で失われる量は$\varepsilon\sigma T^4$となります。εは真空の場合一ですが、大気があるとその量が多くなればいくらでも小さくできます。以下の話は原始地球の成長に関して高校地学の教科書に出ている話ですが、二〇年前の結果ですから、今この問題を再計算するとぜんぜん違ったものになるかもしれません。というのは、八六年当時は、まだ、少数の原始惑星の互いの衝突による成長という段階は知られていなかったのです。前回の講義で、惑星の集積過程には暴走的寡占的成長とその後の原始惑星の集積の二段階あるという話をしました。八六年当時の計算は暴走的成長だけで地球ができるという場合の結果です。だから本当なら地球の初期熱史についてもう一度計算し直さないとならないのですが、時間がなくてまだ行っていないので八六年当時のシナリオについて話します。ただ、地球の形成時マグマオーシャンができる、ということに関しては結論は変わりません。図25にその結果を示します。地表付近の温度分布が融点を超えていることが判ります。

マグマオーシャンと水蒸気大気

月の場合と違うのは、マグマオーシャンができるときに水蒸気大気もできることです。地球誕生時に形成される原始大気がどんな温度構造をしているかも図26に示しておきます。横軸が温度、縦軸が高さです。何本もの線が描いてありますが、これは集積する微惑星の解放する重力ポテンシャル・エネルギー密度（集積エネルギー密度）に依存して温度構造がどう変わるか

図25　成長しつつある原始地球の内部温度分布

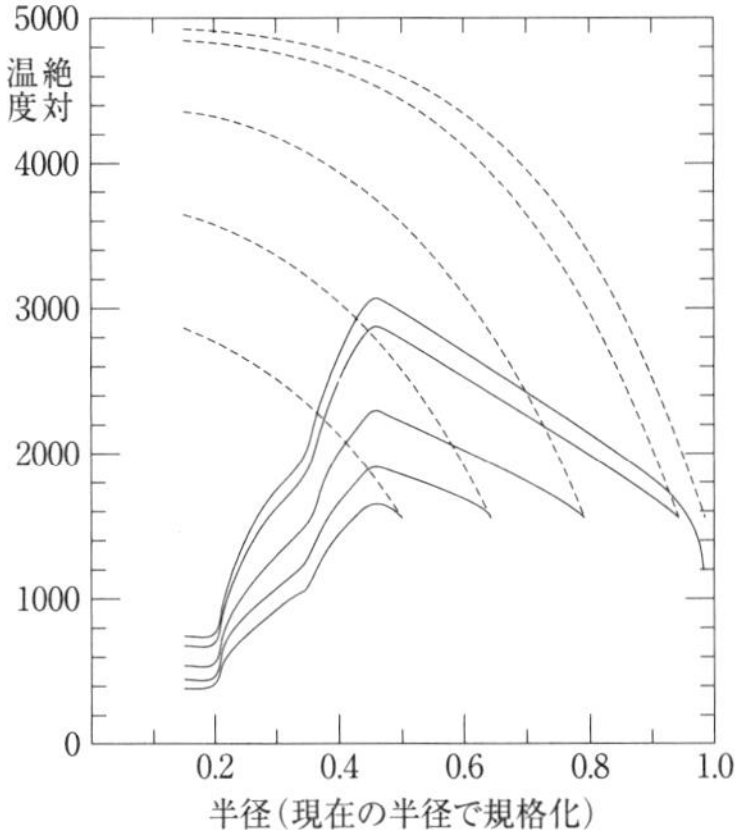

地表で解放される微惑星の衝突エネルギー（総量約10^{32}J）は原始大気の保温効果により宇宙空間へすみやかには放射されず、地表温度は上昇する。地表付近が融け、マグマオーシャンが形成される。破線は岩石の融点。

を示すためです。一平方メートルあたり一〇〇ワットぐらいの値を境にして大きく二つの領域に分かれていますね。じつはこの値を境にして原始水蒸気大気の温度構造がまったく違う。一方は地表温度が一二〇〇℃ぐらいなのに対し、一方は五〇〇℃ぐらいなわけです。

一二〇〇℃の温度構造の場合、地表から三〇〇キロメートルぐらいまでの大気は乾燥していて何の湿り気も帯びていない。ということは雲ができず、雨は地表に落ちてこないということです。雨が降るのは三〇〇キロメートル以上の上空だけです。マグマオーシャンの上は水蒸気大気でおおわれているということです。地表温度が五〇〇℃の場合は、現在の大気と基本的には同じです。下層大気は湿っていて、雨は地表に降ります。

図26　原始水蒸気大気の構造

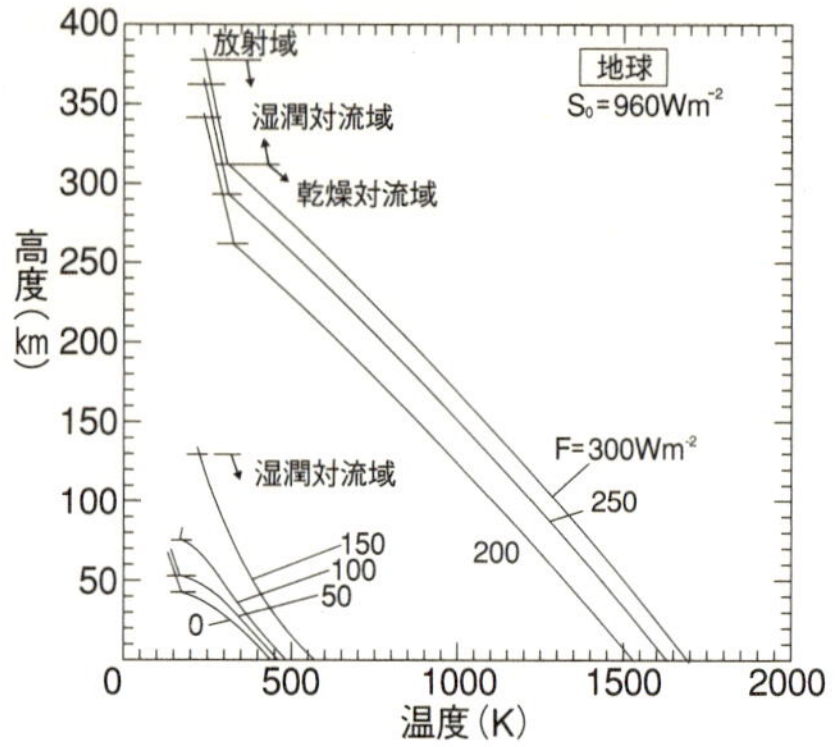

原始大気の温度構造は集積エネルギー流量Fによる。地球の場合F＜150W/㎡になると原始水蒸気大気は不安定化し、原始の海がつくられることがわかる。

すなわち、地表で解放される重力ポテンシャル・エネルギーが少なくなると、水蒸気大気が湿り気を帯びて雨が降り、それが海を形成するということです。こういう論文を八六年の「ネイチャー」誌に発表し、この考え方が最近の「大気、海洋起源論」の基本になっているわけです。集積する微惑星の数が減少すると、集積エネルギー密度が減少します。海の誕生する臨界の集積エネルギー密度は、一平方メートルあたり一五〇ワットくらいです。集積エネルギー密度にして一平方メートルあたり一五〇〜二〇〇ワットぐらいのところで原始水蒸気大気にドラスティックな変化が起こり、海ができることが判ります。

　ちなみに地球が誕生する頃の集積エネルギー密度は現在の太陽光エネルギー密度よりずっと

高い。地表に太陽があるような状態ですね。だから水蒸気大気といえども雨として落ちてこれなかった、ということです。こんなふうに集積エネルギーが原始地球にどう配分され、初期のエネルギー状態はどういう状態で、その後それがどう変化するかという視点から考えるのがエネルギー論的な地球史というわけです。

海が生まれた頃の地球

さて、海が生まれた頃の地球についてもう少し紹介します。コアの原形ができ、マントルが存在し、地表付近は海洋地殻に似た原始地殻でおおわれています。この頃の大気の成分は二酸化炭素と一酸化炭素が混在したもので、圧力は地表気圧で一〇気圧ぐらいです。そこに窒素が一気圧程度含まれている。ちなみに海ができる前は、水蒸気一〇〇気圧ぐらいで水蒸気が大気の成分としていちばん多かった。この地表環境はどう変化するか? 地球誕生後六億年ぐらいは一〇〇キロメートルサイズの微惑星の衝突が続くので、その衝突のたびに原始の海は蒸発し、地表は再びマグマオーシャンでおおわれます。それが冷えて再び海が形成され、というイベントを何回となくくり返します。地球形成後、一〇〇キロメートルくらいの微惑星の衝突が六億年くらい続くのは、お月さんのクレーターの研究から推定できることです。月のクレーターを調べると、四六億年ぐらい前から六億年ぐらい、天体衝突頻度が高いことが判ります。これを隕石重爆撃期といいます。お月さんで起こったことは地球でも起こるだろうと考えられます。地球ではそのたびにマグマオーシャンと海洋の形成が交互にくり返される。地表温度が一二〇〇℃より高いとマグマオーシャンが地表をおおう状態、五〇〇℃より低いと水の海ができます。

というわけで、地球誕生の年代は、誕生をどう定義するか、その定義によりますが、生まれてから四〇億年くらい前までは、こうした混沌とした状態が続いたと理論的には推測できます。地球にある最古の岩石が四〇億年ほど前のものだというのも、この予想と調和しているように思われます。地球で基本的に今と変わらない地表環境が成立したのは四〇億年前からだ、といういい方もできる。面白いことに、間接的証拠まで含めて生命の起源をたどっていくと、やはり四〇億年ぐらい前まで遡ります。これが何を意味しているかというと、天体の激しい衝突現象が停止し、海をもつ地表環境が安定化すると、そのとき生まれた生命が生き残るようになったということです。地球の歴史そのものが、すべて天体衝突現象と絡んでいるということが示唆されるわけで、私の今の興味も、まさにここにあります。

次回は最後の授業ですが、今度は熱史ではなく物質的な地球史、つまりどろどろの状態からどう固まって分化していくのかというプロセスと、地球の未来について考えてみます。

11時間目　天体衝突と地球の進化II

——そして地球、文明の未来

物質の分化、コアの起源

前回は地球の進化ということで、エネルギー論的な視点から地球の進化、とくに最初の頃の熱的状態について話しました。今回はその続きで、物質論的な進化について話します。具体的にはたとえば大気、海洋、地殻、マントル、コアなどの物質圏がどう生まれるかです。これらについては以前にも簡単に説明しましたが、今日はコアの起源についてもう少し詳しく説明しておきます。

コアはほとんど鉄・ニッケル合金でできています。その形成過程がボトムアップかトップダウンかということで、トップダウンがもっともらしいということを紹介しましたが、そうだとすると、重いものが岩石中をどのようにして落ちていくかが問題です。液体あるいは気体の中を、固体、あるいは液滴が抵抗をうけて一定速度で落ちていく現象を、物理的にはストークス沈降といいます。雨滴が大気中を落ちるときどのくらいの速度になるか、というような問題と基本的には同じことです。鉄・ニッケル合金も、雨滴と似たような過程を経て分離したと考えるのが簡単ですが、問題はそれほど単純ではありません。

鉄・ニッケル合金とマントル物質を考えると、マントル物質のほうが融点は高いからです。したがって、マントル物質は融けていないけれど鉄・ニッケル合金は融けている、という状態が考えられます。コア形成のプロセスとして、固体の中を液体の金属が落ちていくということが考えられるわけです。しかしこれはストークス沈降のように簡単には取り扱えない。岩石は結晶からできていますが、その結晶の境界面を液滴が移動するとき、どんな表面張力が働くか、あるいは重力や圧力差がどう作用するか、これは高圧下ではまだ実験的に調べられていないからです。

鉄・ニッケル合金が集まってかなりの大きさの塊になれば、マントル物質の固体中を鉄・ニッケル合金の固体の塊が落ちていくことも考えられます。それは基本的にストークス沈降と同じです。固体も、融点近くであれば柔らかいですから、落ちないわけではない。しかし非常に時間がかかります。地球の歴史を四六億年と考えても、この時間で果たして落ちるかどうかといったくらいの時間がかかります。この二つがコア形成のメカニズムとして考えられますが、実際にどのようにしてコアができたかは判らない。マグマオーシャンのように全部が融けていれば、鉄・ニッケル合金の分離も速いと考えられますが、じつはこれにも問題があります。太陽系起源論の講義で、ガスが冷えて粒子が凝縮すると、ガスと粒子の分離が起こるかという問題について話しましたね。それと同じ問題があり、どろどろに融けた岩石の中に金属の液滴があるとき、液滴が小さければ融けた岩石と一緒に運動して、ストークス沈降は起こらない。ある程度液滴が大きくならなければ落ちていかないからです。

というわけで、物質の分化の物理に関してはまだまだ判らないことがたくさんあります。そもそもここで紹介しているのは、地球ができるとき一様に物質が集まって、そこから重いものが沈んだという前提で話していますが、それが本当に起こったかどうかも判らない。たとえば半径一〇キロメートル、一〇〇キロメートルという微惑星の段階でも、微惑星が全部融ければ、その段階ですでにコアとマントルに分化している可能性もあります。以前にはあまり詳しく説明しませんでしたが、短寿命の放射線元素の崩壊にともなって、一〇〇キロメートルくらいの天体が融けてしまうくらいの熱が発生します。したがってこのような放射性元素がたくさん含まれていれば、微惑星も融けてしまう。こういう融けた微惑星同士がぶつかると、鉄・ニッケル合金が先に集まってコアになる、という可能性だって考えられます。コアの形成に関しては、前にボトムアップとトップダウンという考えがあるといいましたが、このような最近の知見まで含めて考えるとどちらに関してもまだよくわかっていないというのが現状です。

ディープ・インパクト

ここまで地球の分化について話してきました。そのような地球の内部だけに閉じた進化の問題以外に、地球の歴史の中にはときどきドラスティックなイベントが起こっていて、それが天体衝突だということも紹介してきました。ここで天体衝突について少し紹介しておきます。今年（二〇〇五年）の七月四日に「ディープ・インパクト」という探査が実施されました。その探査とはテンプル1という彗星に探査機を衝突させるもので、目的は二つあります。一つは天体スケールでクレーターが実際にどのように形成されるかという探査です。もう一つは彗星の内部構造を探るというものです。彗星は基本的に氷とダストの混合物ということから「汚れた雪だるま」とも呼ばれていますが、実際の内部構造はよく判っていません。その地表にクレーターができればその断面から内部構造も判るだろうということで、この実験が行われました。宇宙スケールでの初の人工的、能動的な天体衝突実験だったわけです。

彗星というのは太陽に近づくと、尾っぽみたいなものが太陽の逆側に伸びてきます。汚れた雪だるまが温められると氷が蒸発し、地表の割れ目から水蒸気が噴き出して周りを取り囲みます。そのときダストも一緒に吹き飛ばされますが、ガスとダストではその運動が違いますから分離して、ダストが太陽とは逆側に尾っぽのように分布します。太陽から遠いときは蒸発が起こりませんから、彗星は汚れた雪だるまそのもののはずです。太陽に近づいて割れ目から気化しやすいものが噴き出す様子は、ハレー彗星でも実際に観測されています。

さて、テンプル1という彗星は、長軸方向で一〇キロメートル、短軸方向は数キロメートルほどの不規則な形の天体です。探査機が接近した当時は火星軌道ぐらいのところを通過していました。探査機から撃ち出される弾丸に相当するのは、重さ三百数十キログラムの観測機器で、

図27　衝突前のテンプル1彗星

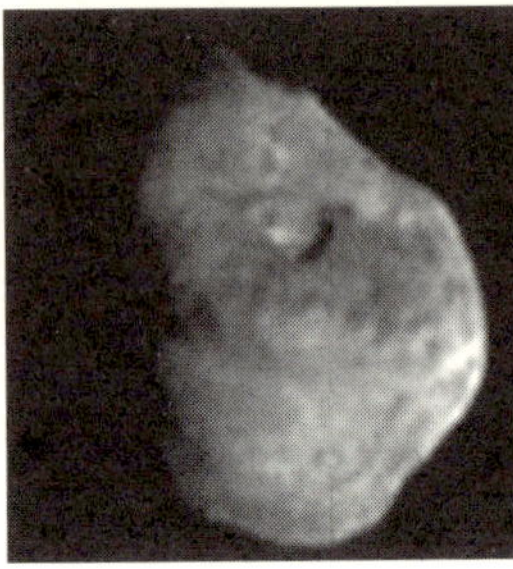

写真提供:NASA

図28　衝突直後のテンプル1彗星

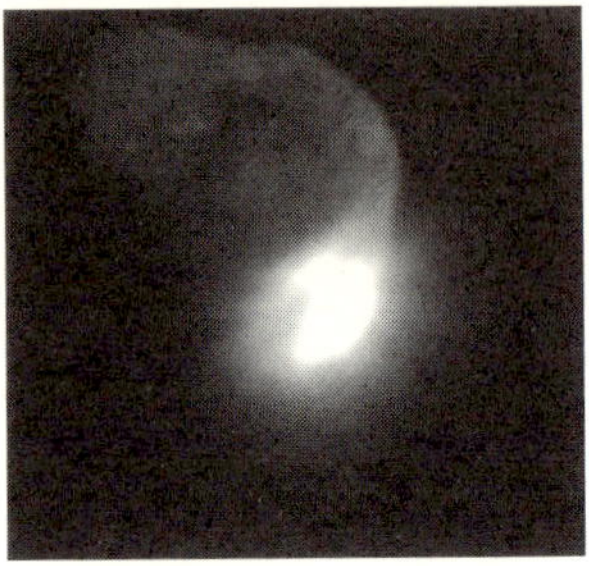

衝突により蒸発したガス成分が周囲の空間に拡がる。
写真提供:NASA

相対速度は秒速一〇キロメートルを少し超えるぐらいです。弾丸といっても実際はこれもカメラを二台搭載した観測機器で、彗星に近づきつつ天体の様子を衝突の瞬間まで撮影する役目も果たすわけです。フライバイという探査段階を紹介しましたが、天体のそばを通過して、弾丸を発射し、その結果も撮影するという能動的フライバイ探査です。

図27は、その弾丸に搭載されたカメラが撮影した彗星の表面です。我々からすると面白いことなのですが、地表にクレーターがいっぱい見えます。というのは、クレーターの存在は彗星がある程度の強度をもっているということを示しているからです。もし汚れた雪だるまのイメージ通り中がスカスカだったら、クレーターのような地形は残らない。これだけでも十分彗星

に関する重要な情報になりますね。

これを見ると、彗星といっても小惑星とほとんど変わりません。我々はアポロ群小惑星とかアモール群小惑星など、地球に近づく小惑星をＮＥＯ（Near Earth Object）と呼んで、小惑星帯にある普通の小惑星と区別しています。しかし、アポロとかアモールがどこから来たのかは実際には判っていない。小惑星帯から来たのか、それとも彗星として飛来したものが太陽に近づいて蒸発し、質量と軌道が変わってＮＥＯになったのか明らかではないんです。でもこの写真を見ると、彗星の変成の果てがアポロ・アモール群小惑星かなとも思えます。それぐらいよく似ている。ちなみに隕石についても、彗星起源か小惑星起源かはまだ判っていません。その問題に関してもこういう探査を通じて情報が得られるわけです。

先ほどのフライバイする探査機から写したテンプル１彗星の写真を見ると、太陽に面した右側が明るくなっていて、この部分の温度が高いことが判ります。また、弾丸が衝突する直前の表面画像を見ると、蒸発した水蒸気ガスがどんなふうに分布しているのかも判ります。水蒸気以外の物質に関しては、現在分光学的な調査が行われているところです。

天体衝突の瞬間

彗星に弾丸が衝突した瞬間の写真を図28に示します。彗星の内部からガスが噴き出しています。この衝突で形成されるクレーターの大きさは、幅一〇〇メートル、深さ三〇メートルぐらいと予想されています。しかし、ガスが延々と噴き出しているので、すぐには確認できませんでした。クレーターの形状観測を通じて内部構造を調べたかったのですが、衝突直後の画像ではそれを撮影できませんでした。現在いろいろ工夫して調べているので、将来実際のクレーターの大きさなど新しい情報が出てくると思います。

ところで天体にぶつけた弾丸物体はどんな物質でできていたかというと、基本的には銅とアルミニウムです。なぜこれらの物質にしたかというと、彗星にはこういう成分があまり含まれていないからです。秒速一〇キロメートルで衝突が起こると、瞬時にほとんどすべてが蒸発し、衝突蒸気雲が生まれます。これを観測したいわけですが、弾丸の中身が彗星と似通った成分だったら彗星の組成を汚染し本当の情報があいまいになってしまいます。彗星の組成は基本的に揮発性物質である、氷、メタン、アンモニア、それに普通の珪酸塩鉱物ですから、それらとはまったく異なる金属の銅とかアルミニウムをぶつけたというわけです。

テンプル1の光度を観測してそれを積分したものから、テンプル1の自転周期は四一・八五時間であることが判りました。ただし、自転にともなってその明るさが変わります。明るさの変化を見ると、線状に突発的に明るくなっている部分がありますが、それは割れ目からガスが噴き出すことによる明るさの変化です。弾丸衝突の瞬間はハッブル望遠鏡からも撮影されました。その瞬間明るく輝くのが確認されています。また、日本の国立天文台も二等級ぐらい明るくなった写真を発表しています。こういう画像データから分光学的にどんな物質が含まれているかが推測されます。そのうちガスの組成なども判ってくると思います。これらが、七月に行われたディープ・インパクトの探査結果です。ちなみにこれらの画像はＮＡＳＡのホームページに入ると動画として見られます。

ここまでは最近行われた能動的な天体衝突実験の話です。歴史的に我々が初めて自然界の天体衝突現象を目撃したのは、一九九四年のことです。今から一〇年ちょっと前だから、皆さんが八歳ぐらいのときですね。この年、木星に彗星がぶつかるというイベントがあったんです。その瞬間の木星が観測されています。木星のある部分が瞬間的に明るくなって、衝突蒸気雲が拡がっていく様子が観測されました。

一九九四年のこの現象を、自然界で我々が見た最初の天体衝突現象と述べましたが、じつは、お月さんに起きた天体衝突現象を見たという記録が中世のヨーロッパに残されています。その頃のお坊さんが「お月さんが身もだえするように明るく輝いた」なんて文学的な表現で記録していますが、なかなか興味深い。その記述を後年米国の惑星科学者が科学的に分析した結果、ジョルダーノ・ブルーノと呼ばれている月のクレーターが、このお坊さんの目撃した衝突でできたものではないかといわれています。

クレーターを作る室内実験

ところで、天体衝突あるいはクレーター形成の再現は、室内実験でもシミュレーションされています。あるいはクレーター形成に関する数値実験も行われています。我々の研究室でもそれを行っているので、ここで紹介しておきます。まず、コンピュータ・シミュレーションとして、我々の研究室で行っている数値実験を紹介します。たとえば、容器に標的として四〇万個ぐらいの粒子を入れておき、そこに弾丸を撃ち込んだとき、標的の一個一個の粒子がどのような力を受けてどこに移動していくか、個々の粒子についてすべて計算して、その運動を追いかけていく。このような数値実験と室内実験とを組み合わせることによって、実際クレーターのような丸い穴ぼこがどのようにして形成されるかが少し判ってきたところです。

これは実験室で撮った蒸気雲の写真です（図30）。光った部分がだんだん拡がっていくのが判ると思います。膨張する雲がどんな温度、どんな圧力になるか、あるいはその雲の中でどんな化学反応が起きているかを調べることで、それこそ惑星形成時の地球環境や大気や海や生命の起源も推定できるわけです。

研究室の宣伝も少ししておきますと、秒速一〇キロメートルでの天体衝突を室内で再現し、その蒸気雲の物理と化学を研究できるのは、今のところ世界でも唯一うちの研究室だけです。

図29　衝突クレーター形成過程

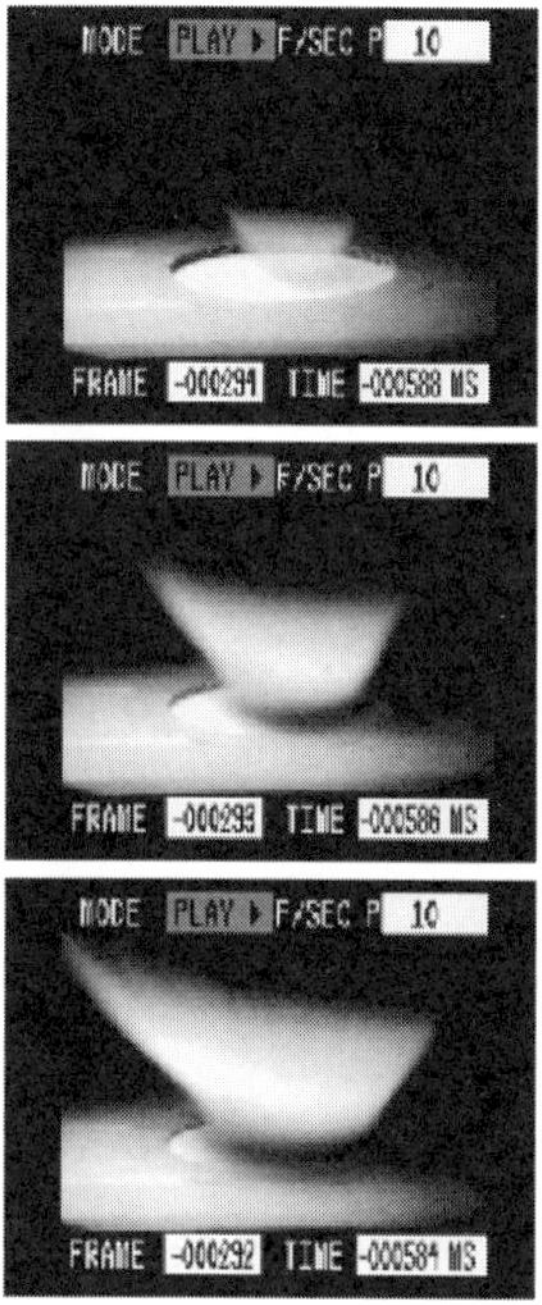

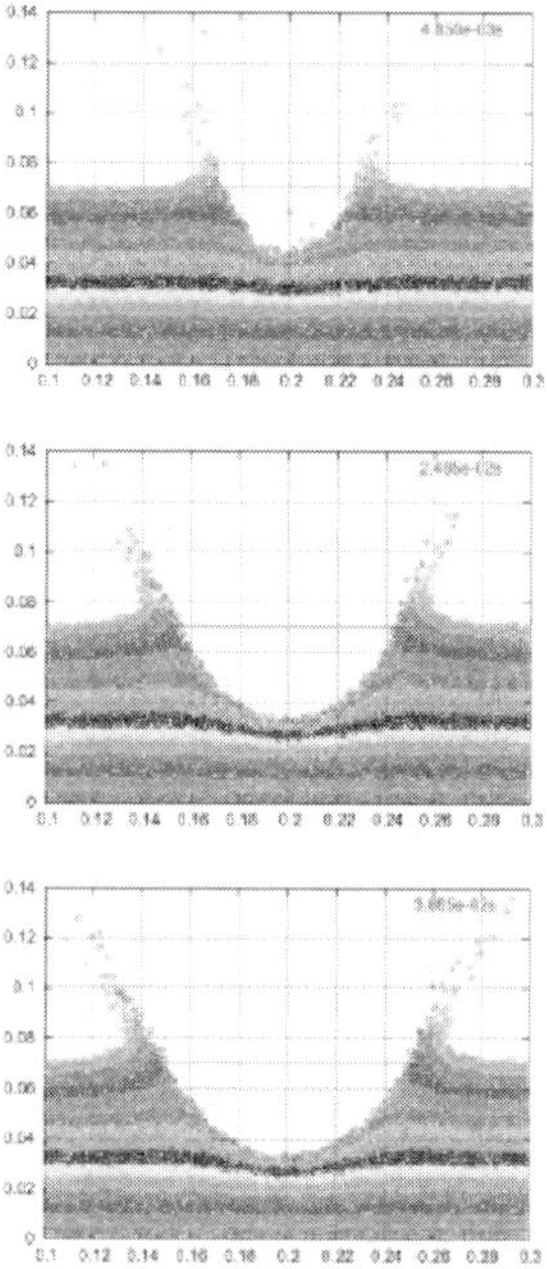

室内実験（衝突速度313m/s）

数値実験（衝突速度300m/s）

クレーターからの放出物が
逆円錐の形で拡がっていく。

40万個の粒子からなる標的に、
秒速300m/sで弾丸を打ち込んだ時の
標的粒子の運動。ある断面のみを
示してある。

図30　実験室で再現した衝突蒸気雲(光っている部分)の発生と膨張

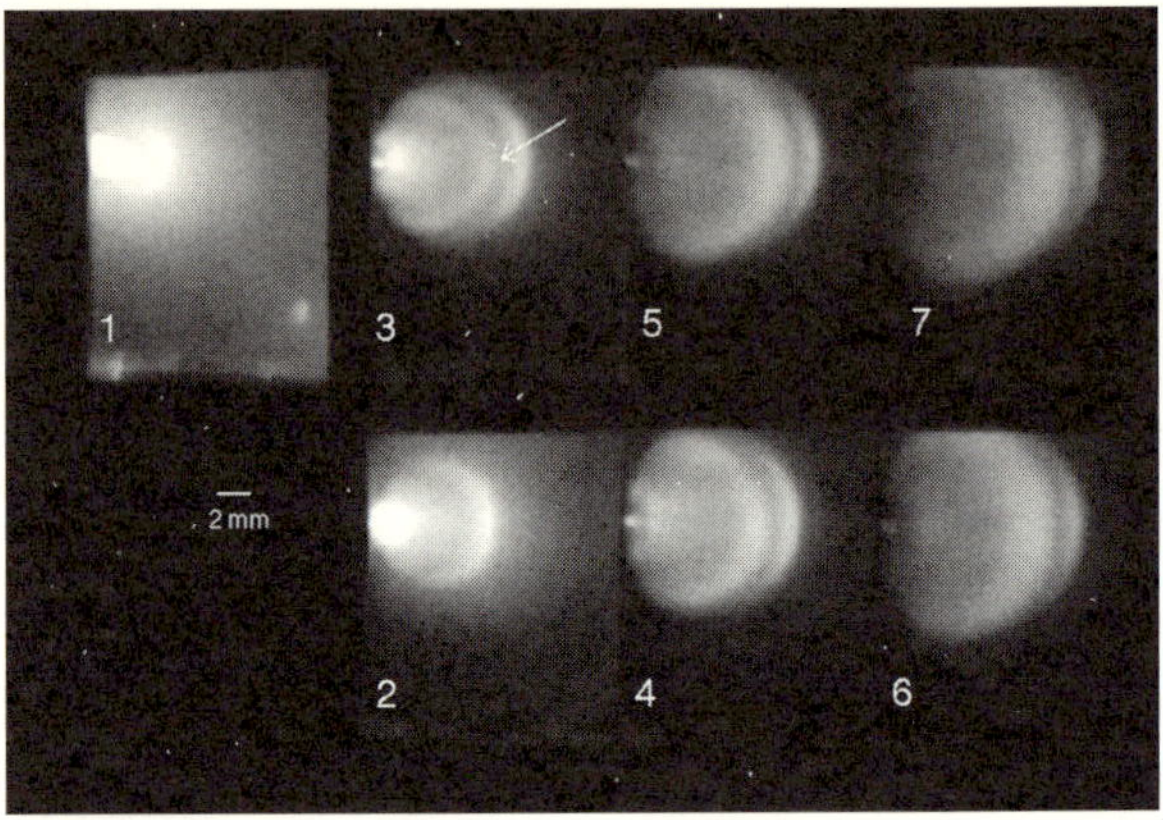

現段階ではまだ秒速一〇キロメートルほどがようやくといった銃のレベルですが、将来は秒速二〇キロメートルの衝突銃を作ってディープ・インパクトを実験室で再現しようと考えています。

銃の製作だけでありません。蒸気雲の観測もナノ（一〇億分の一）秒単位で分光学的に行っています。温度や圧力の変化、化学反応の生成物を調べて、彗星だけでなく地球や火星など地球型惑星や衛星の誕生時に、どんな現象が起こるか実験的に調べようというわけです。

火星ぐらいの大きさの天体が原始惑星ですが、そのようなサイズの天体でもマグマオーシャンができるか、あるいはコアとマントルの分離はどのように起こるか、といった数値計算も行っています。このような数値計算の結果、衝突にともなってマグマポンドができ、鉄・ニッケル合金と岩石との分離が起こり、鉄・ニッケル合金のストークス沈降が起こって天体内部の中間に金属層ができることが示されます。この金属層が重力的不安定を起こしてコアが形成される様子も数値計算によって示すことができます。

六五〇〇万年前の隕石衝突と環境問題

天体衝突に関して、かつて地球上で実際に起きた例も紹介しておきましょう。もっとも最近の超巨大隕石の衝突は、六五〇〇万年前のユカタン半島で起きました。直径一〇キロメートルぐらいの天体が秒速二〇キロメートルから三〇キロメートルで衝突し、ユカタン半島に直径一八〇キロメートルほどのクレーターを作りました。その痕跡が今も現場に残されています。正確な場所をいうとユカタン半島の先端で、半分が半島にかかり、残りの半分が海底下にあります。メリダという町が衝突の中心付近に位置しています。近くには、チチェニッツァのピラミッドなどマヤ文明の遺跡がたくさん残されています。ここで一〇年前くらいからフィールドワークを行っていますが、ピラミッドの上から天体衝突と生物の絶滅の因果関係、それとマヤ文明の誕生の不思議さとを考えているとなかなかいいものです。

地震波を使ってこのクレーターの地下構造を調べたり、ボーリングして地下のサンプルを回収し、それを調べることで、衝突にともない、どんな現象が起きたかを推測できます。また、クレーターから現在では遠く離れていますが、六五〇〇万年前にはユカタン半島のすぐ近くに位置していたカリブ海のキューバとかドミニカに行くと、そこには衝突で飛び散ったものが厚く堆積した堆積構造が見られます。この地層を調べることで、当時の地球にどんな異変が起こったかが判ります。まさにその作業は古文書を読み解くようなものです。

六五〇〇万年以前は白亜紀と呼ばれる時代です。その頃の地球は暖かく、海面は今よりずいぶん高かった。したがってユカタン半島もほとんど水没していました。そこに衝突が起きると、巨大津波が発生します。実際、その津波の跡が地層に残されていることを発見しました。

六五〇〇万年前の超巨大隕石衝突の調査をして推察されることは、地球環境問題の行く末です。我々が現在地球上で経験している温暖化、オゾン層の破壊、酸性雨といった環境問題のほとんどが、この六五〇〇万年前の天体衝突によっても起きたことが確認されます。その規模は、現在の環境問題の一〇倍以上の規模です。酸性雨を例にとれば、表層と深層の二層に分けられる海のうち、表層の海のpHが酸性になってしまうぐらいの凄まじさです。あるいはオゾン層にしても、現在のそれはオゾンホール程度ですが、当時は衝突によってオゾン層そのものが無くなってしまうほどだったと推察されます。といってもこれは、今のオゾンホールの成因とは理由が違います。現在のそれは、我々が特定フロンのような人工物質を使った結果、最終的に塩素が成層圏にばらまかれ、その塩素が触媒となって、オゾンを普通の酸素分子に変えるという反応が起こる。なぜ南極の上空かといえば、成層圏に入って分解された塩素は大気運動によって極方面に集まっていくメカニズムがあるので、南極上空でオゾンの穴が開く、というのが今のオゾンホールの成因です。一方、六五〇〇万年前に起こったと推定されるのは、一酸化窒素によるオゾン層の破壊です。地球の大気は窒素と酸素ですが、衝突にともなって大気の温度が数百℃上がるとこれらの分子が反応して一酸化窒素ができます。一酸化窒素は塩素と同じようにオゾンを酸素分子に変える触媒作用をもっているので、オゾン層が破壊されるのです。

　当時、森林の破壊も起こっています。衝突で大気の温度が数百℃高まったために、森林火災が起きたと推測されます。地表にあった森林のうち、半分以上がこのとき燃えたと推測されます。どうしてそれが判るかというと、大量の煤《すす》が六五〇〇万年前の地層に残されていたからです。

　このように天体衝突にともない大変な環境問題が起こるので、これによって生物圏が大打撃を受けるのは極めて当然ですね。恐竜を始め、アンモナイトなどたくさんの生物が天体衝突による環境変動によって絶滅した。これが科学的に、今いちばん妥当と考えられている六五〇〇万年前の生物の大量絶滅のシナリオです。

宇宙も地球も生命も、分化する

今日の最終講義では、「地球、生命、文明の未来」の話をするはずでしたが、その前からの講義の続きがなかなか終わらなくて、時間が足りなくなってしまいました。最後に簡単に説明しておきます。未来がどうなるは今日の最初に説明した「分化」に関係しています。私はダーウィンの進化論に対抗して「分化論」と称しているんですが、宇宙も地球も生命も、歴史的に変化しているのは、分化するという方向ではないかということです。ではなぜ宇宙や地球や生命が分化するかというと、宇宙が冷え、地球が冷え、地球環境が冷えたからです。だからこれからも冷え続ければ、未来も分化は続いていくと思いますが、問題は果たして冷え続けられるかということです。

結論を述べれば、地球に関していえば、今が歴史の折り返し点です。エネルギー論的に見れば、内部はこれからも冷え続けますが、地表温度は上昇に転じていきます。以前の講義で説明しましたが、太陽の光度はこれからもどんどん上昇していきます。これまでは地球システムがシステムとしてその変化に応答して、地表温度の上昇を防いでいました。具体的には二酸化炭素が地表付近で循環するメカニズムがそれです。結果として地表温度は地球史を通じて低下する、ということがここまでは起きてきました。実際に地球は今、歴史上もっとも冷えている状態にあるといっても過言ではありません。しかし一方で、大気中の二酸化炭素量も史上最低レベルにあります。だから我々がちょっとでも二酸化炭素を放出すると、温暖化が起こってくるのです。

現在の大気中にある二酸化炭素量は我々が放出した分を差し引くと二八〇ｐｐｍぐらいです。これは地球四六億年の歴史の中でも最低のレベルなのです。だから我々が化石燃料を燃やして二酸化炭素を放出すると、それが直ちに影響を及ぼして温暖化するのです。ずっと昔、たとえば一億年前の地球は、大気中の二酸化炭素濃度は一〇〇〇ｐｐｍくらいあったと考えられています。したがって地表温度も高かった。もちろん一時的な二酸化炭素の増減はありますから、温暖、寒冷の気候状態をくり返しながら、全体的トレンドとしては現在に至るまで冷え続けてきたのです。

地球の未来

では未来はどうなるか。結論を先にいうと、地表温度を大気中の二酸化炭素濃度で調節する地球システムのメカニズムは、あと五億年ぐらいしか続きません。太陽光度の増加による温度上昇と相殺《そうさい》するように、大気中の二酸化炭素量は、ぎざぎざと波打ちながらだんだんと減ってきています。我々が大気にまったく擾乱を与えない、つまり二酸化炭素を出さないとすると、五億年後には大気中の二酸化炭素が現在の一〇分の一くらいになってしまいます。こうなると、普通の光合成生物は、光合成ができなくなります。生態系は光合成生物による有機物合成が基本になっていますが、五億年後には二酸化炭素濃度が低くなりすぎて、現在の生態系は維持できなくなります。つまりあと五億年で、地球上から生物圏が消えてなくなるのです。

二酸化炭素レベルが現在の一〇分の一、何十ｐｐｍというレベルになると、太陽の温度上昇を大気中の二酸化炭素でコントロールするという地球の応答メカニズムも機能しません。温室効果の寄与が下がって、太陽放射による温度上昇が勝ってしまうわけです。地球の未来においては、太陽光度の上昇がもろに地表環境を支配し、したがって地表温度も上昇します。一〇億年、二〇億年という時間単位で見れば、地表温度は何十℃という単位で上がり、海からの蒸発が増えます。水蒸気は温室効果をもっていますから、その結果、地表温度はさらに上がっていく。これがいわゆる暴走温室効果です。実際には暴走はせず、多少違うメカニズムが働くと考えられていますが、いずれにせよ、二〇億年後ぐらいには海がすべて蒸発して、干上がってしまう。かつて金星で起こったことが、地球の未来にも起こると予想されるわけです。水分だけでなく最終的には岩石に固定されていた二酸化炭素も蒸発しますから、こうなると、まさに金星と同じような大気になる。もちろん温度もますます上がります。

太陽はその構造を維持するもとでもある燃料の水素がどんどん減り、内部構造が変化して重力的な安定が失われていきます。最終的にどうなるかというと、重力的に不均衡な状態になり、その結果膨張し、赤色巨星という、主系列状態とは違う状態の星になっていきます。これは今から五〇億年ぐらい先の話ですが、膨張した太陽の表層は地球の軌道付近にまで達し、その結果地球はどろどろに融けてしまいます。表面だけでなく、地球全体が融けて蒸発し、ガスとなって銀河系宇宙へ散っていく。これが地球の未来です。

ここに至るまでの段階で、地球システムの構成要素として最初になくなるのはたぶん人間圏でしょう。ついで生物圏が失われ、その後、海、大陸とこれまでの地球史で分化してきた物質圏がその誕生順とは逆の順で消滅し、より均質な最初の状態に戻っていくというのが地球の未来のシナリオです。我々人類の存在ということでいえば、たとえ生物圏の種の一つとして生き残ったとしてもあと五億年で失われてしまいます。人間圏はこのままでいいのか。我々は、我々と人間圏についてどんな未来を描きたいか。皆さんの考え方次第で、その未来は大きく変わっていくはずです。

以上で講義は終わります。最後は時間がなくなりだいぶ省略しましたが、一一回にわたって話してきた内容の大半は、ここ一〇年、一五年以内に判った事柄です。これらの新事実の発見によって地球惑星科学、あるいは古生物も含めた生物関係の学問はドラスティックに変わりつつあります。まだ判っていないことは山のようにありますが、だからこそ学問としては非常に面白い、ともいえるわけです。

松井孝典（まつい たかふみ）

一九四六年生まれ。七六年、東京大学大学院理学系研究科博士課程修了。専攻は、地球惑星物理学。NASA客員研究員などを経て、東京大学大学院教授。主な著書として、『地球進化論』『地球倫理へ』『再現！巨大隕石衝突』『宇宙人としての生き方』（以上、岩波書店）『宇宙誌』（徳間書店）『巨大隕石の衝突』（PHP研究所）など多数。

松《まつ》井《い》教《きょう》授《じゅ》の東《とう》大《だい》駒《こま》場《ば》講《こう》義《ぎ》録《ろく》

二〇〇五年一二月二一日 第一刷発行　集英社新書〇三二一G

著者……松《まつ》井《い》孝《たか》典《ふみ》

発行者……藤井健二

発行所……株式会社集英社

東京都千代田区一ツ橋二-五-一〇　郵便番号一〇一-八〇五〇

電話　〇三-三二三〇-六三九一（編集部）

〇三-三二三〇-六三九三（販売部）

〇三-三二三〇-六〇八〇（読者係）

装幀……原　研哉

印刷所……大日本印刷株式会社　凸版印刷株式会社

製本所……加藤製本株式会社

定価はカバーに表示してあります。

ISBN 4-08-720321-2 C0244